高等院校计算机技术"十二五"规划教材

网络安全与管理技术实验教程

余斌霄　金　蓉　编著

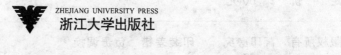

图书在版编目（CIP）数据

网络安全与管理技术实验教程 / 余斌霄，金蓉编著.
—杭州：浙江大学出版社，2012.12
ISBN 978-7-308-10637-5

Ⅰ.①网… Ⅱ.①余…②金… Ⅲ.①计算机网络－
安全技术－教材 Ⅳ.①TP393.08

中国版本图书馆 CIP 数据核字（2012）第 226103 号

网络安全与管理技术实验教程

余斌霄　金　蓉 编著

责任编辑	王元新
封面设计	刘依群
出版发行	浙江大学出版社
	（杭州市天目山路 148 号　邮政编码 310007）
	（网址：http://www.zjupress.com）
排　　版	杭州中大图文设计有限公司
印　　刷	浙江良渚印刷厂
开　　本	787mm×1092mm　1/16
印　　张	8.75
字　　数	202 千
版 印 次	2012 年 12 月第 1 版　2012 年 12 月第 1 次印刷
书　　号	ISBN 978-7-308-10637-5
定　　价	23.00 元

版权所有　翻印必究　　印装差错　负责调换

浙江大学出版社发行部邮购电话　（0571）88925591

前　言

自20世纪50年代以来,计算机网络技术获得了日新月异的迅猛发展,使人类的生活方式产生了巨大变革,将人类社会带入了一个全新的信息化时代。在信息化社会,每个人生活的方方面面都与信息的产生、传输、存储和处理诸环节息息相关,信息在国民经济和社会生活中占据着举足轻重的地位。与此同时,计算机网络相关的安全和管理问题也日益突出,成为威胁计算机网络和信息安全及个人隐私安全的重大隐患。一方面,现有的互联网在设计之初主要是在科研机构中进行学术研究,网络环境较为纯净,并未充分考虑到大规模应用时可能面临的各类安全和管理问题,在网络安全和管理上存在先天缺陷和不足;另一方面,在信息化社会中某些重要信息的潜在价值远远超出了其他有形资产,攻击者更易于受灰色利益驱动对计算机网络展开攻击。这种针对性较强的、以获取灰色利益为目标的攻击行为已经不再局限于早期以发现系统漏洞并进行善意提醒为目的的纯技术性范畴,对计算机网络的危害广泛而深远。此外,计算机网络本身的发展也在一定程度上为提高攻击手段和传播攻击技术提供了交流平台,使得计算机网络安全和管理面临着更加严峻的局面。

为了适应信息化社会对于网络安全和管理人才的需求,培养学生在网络安全和管理方面的实践能力,结合我校"网络安全与管理技术"课程教学实际编写了这本实验指导教材。本教材内容取材于"网络安全与管理技术"课程实验,从实验原理入手,由浅入深,逐步细化,对实验过程进行了细致翔实的描述,并针对实验过程提出了若干思考问题,既使学生掌握了基本的实验原理和实验步骤,也为学生进一步巩固和提高预留了空间,旨在使学生能更好地理解和掌握理论知识,并将其应用到实践中去,通过理论与实际的结合,切实提高实践能力。

本教材主要内容分为两部分:第一部分(实验1～7)为网络安全实验,包括PGP数字签字(验证性)、Windows系统安全增强(综合性)、操作系统帐户安全(综合性)、网络漏洞扫描(验证性)、IPTABLES防火墙(设计性)、SNORT入侵检测系统(综合性),以及恶意程序及代码清除(研究创新性)七个实验内容;第二部分(实验8～12)为网络管理实验,包括网络设备SNMP代理的配置(验证性)、用Getif实现流量监测(验证性)、监视通信线路(验证性)、性能监视(综合性)以及用StarView实施网络管理(综合性)五个实验内容。附录一和附录二分别介绍了本教材所用的实验环境并给出了实验报告参考格式。

本教材由余斌霄主持编写,网络安全实验部分由余斌霄编写,网络管理实验部分由金蓉编写,附录由金蓉、余斌霄共同编写。在本教材编写过程中得到了浙江工商大学信电学院领导的关心、鼓励和大力支持,课程组的同事也对书稿进行多次审阅并提出修改意见,这些修改建议和关心支持提高了教材质量并促进了本书的顺利出版,作者向他们致以衷心的感谢。感谢2010年浙江省本科院校实验教学示范中心建设点"网络与通信技术实验教学中心"项目资助。

由于作者水平有限,加之时间仓促,书中难免存在疏漏和错误之处,敬请各位读者不吝指正。

作 者

2012 年 8 月

目　录

网络安全实验

实验 1　PGP 数字签字 …………………………………………………………… 3
实验 2　Windows 系统安全增强 ………………………………………………… 13
实验 3　操作系统帐户安全 ……………………………………………………… 27
实验 4　网络漏洞扫描 …………………………………………………………… 35
实验 5　IPTABLES 防火墙 ……………………………………………………… 43
实验 6　SNORT 入侵检测系统 ………………………………………………… 51
实验 7　恶意程序及代码清除 …………………………………………………… 63

网络管理实验

实验 8　网络设备 SNMP 代理的配置 …………………………………………… 73
实验 9　用 Getif 实现流量监测 …………………………………………………… 81
实验 10　监视通信线路 …………………………………………………………… 87
实验 11　性能监测 ………………………………………………………………… 95
实验 12　用 StarView 实施网络管理 …………………………………………… 105
附录一　实验环境介绍 …………………………………………………………… 115
附录二　实验报告参考格式 ……………………………………………………… 125
参考文献 …………………………………………………………………………… 131

网络安全实验

实验 1

PGP 数字签字

1. 实验目标

- 掌握 Windows 环境下 PGP 软件的安装和配置。
- 掌握 PGP 中密钥对的创建、使用、管理和维护方法。
- 学会使用 PGP 软件对文件进行数字签字和签字验证。

2. 实验环境

(1) 硬件环境。
- 处理器:最低 Intel 奔腾Ⅲ 500MHz,推荐 Intel 酷睿 1.8GHz 或以上。
- 内存:至少 256MB 内存,推荐 512MB 或以上。
- 硬盘:至少 100MB 可用磁盘空间,推荐 1GB 或以上。
- 网络:两台虚拟机处于同一局域网段,通过虚拟网络相互连接。

(2) 软件环境。
- 操作系统:Microsoft Windows 2000 Professional with SP4。
- 应用软件:PGP for Windows V.8.0.2(需自行安装)。

3. 实验要求

- 安装 PGP 软件并生成自己的密钥对。
- 对任意文本文件进行数字签字并相互验证。
- 充分认识 PGP 签字原理及验证流程,了解两种类型的数字签字。

4. 实验原理

以 RSA 签字体系为例:
- 选定两个大素数 p、q,计算 $n=pq$ 及 $\varphi(n)=(p-1)(q-1)$。
- 选取 $[1,\varphi(n)]$ 间与 $\varphi(n)$ 互素的元素 e,计算 $d=e^{-1} \bmod \varphi(n)$。
- 销毁 p 和 q,d 作为签字私钥,而 n 和 e 作为验证公钥。
- 签字过程:$y=x^d \bmod n$,其中 x 为被签字的文件。
- 验证过程:根据欧拉定理:$x=y^e \bmod n = x^{de} \bmod n = x^{t\varphi(n)+1} \bmod n = x$。

数字签字原理图(杂凑签字方式)如图 1-1 所示。

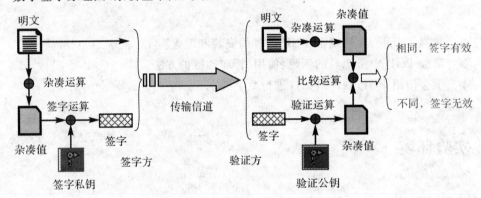

图 1-1　数字签字原理图(杂凑签字方式)

5. 考核要点

- PGP 的密钥及证书管理方式和相关操作。
- PGP 的两种签字方式:可分离签字和不可分离签字。

6. 注意事项

- 在使用 PGP 签字功能之前,必须首先创建或者导入自己的密钥对。
- 在使用 PGP 私钥之前需要输入保护密码,但该密码并非私钥本身。
- 在验证 PGP 签字之前,必须获得文件签字方公钥并调整信任级别。
- 导出密钥时是否包含私钥要根据导出目的确定,私钥不得泄露。

7. 实验步骤

（1）安装 PGP 软件。
① 在宿主机上架设 Http 服务器，发布 PGP 安装软件 PGP for Windows。
② 启动虚拟机，进入 Windows 系统，从服务器下载 PGP 安装软件。
③ 双击 PGP 安装软件，在欢迎屏幕单击"Next"，同意许可协议。
④ 在用户类型界面，选择没有 PGP 密钥对的新用户类型，如图 1-2 所示。

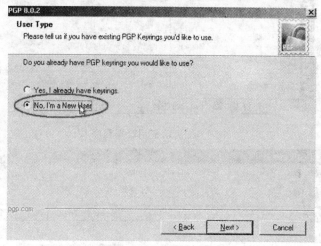

图 1-2 选择用户类型

⑤ 在后续界面选择安装目录及安装组件，并确认安装配置，如图 1-3 所示。

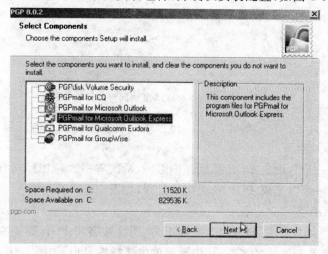

图 1-3 选择安装组件

⑥ 文件拷贝及配置过程结束后重启虚拟机,完成 PGP 软件的安装过程。

(2) 创建 PGP 密钥对。

① 虚拟机重启后,选择密钥管理程序及密钥向导开始创建密钥对,如图 1-4 和图 1-5 所示。

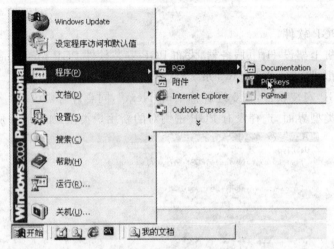

图 1-4　启动密钥管理程序

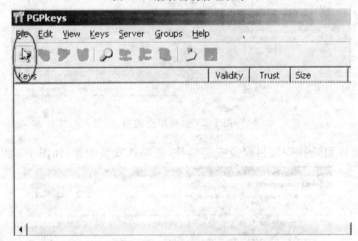

图 1-5　启动密钥向导

② 在向导首页选择专家模式(见图 1-6),然后填入用户信息并选择签名方案及参数(见图 1-7)。

③ 单击"下一步",设定 PGP 私钥保护密码,两次需一致,如图 1-8 所示。

④ 单击"下一步",完成 PGP 密钥生成过程,如图 1-9 所示。

(3) 创建 PGP 签字。

① 新建两个文本文件,分别用于进行 PGP 明文签字和 PGP 摘要签字。

② 鼠标右键单击待签名文件,从快捷菜单中选择签名项,如图 1-10 所示。

③ 在下一对话框选择签名私钥、输入保护码,并选择签名类型。如果针对明文本身签名,

实验 1　PGP 数字签字

图 1-6　选择专家模式

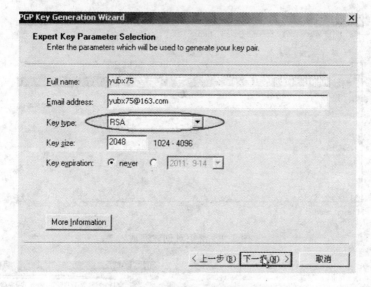

图 1-7　用户信息及签名参数

请勿勾选"Detached Signature"选项；如果针对明文摘要签名，则应勾选之。如图 1-11 所示。

④ 单击"OK"完成数字签字过程，得到两个签字文件。

(4) 导出 PGP 公钥。

① 选择密钥菜单中的导出菜单项，打开密钥导出对话框，如图 1-12 所示。

② 在对话框中设定导出文件名、格式以及是否包含私钥选项，后者视导出目的而定：若进行密钥对备份则应勾选"include private key(s)"，若进行公钥发布则不应勾选。

③ 单击"保存"完成公钥导出过程，得到一个密钥导出文件。

④ 将上述明文文件、签字文件和密钥导出文件发送给签字验证方。

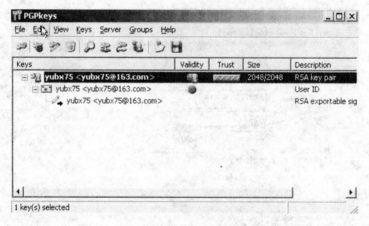

图 1-8 设定私钥保护密码

图 1-9 密钥对创建完成

图 1-10 选择签名菜单项

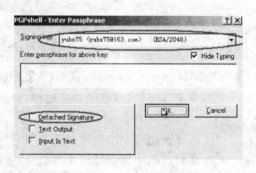

图 1-11 输入私钥保护码

(5) 导入 PGP 公钥。

① 验证方双击收到的密钥导出文件,打开导入对话框,如图 1-14 所示。

② 在对话框中选中对应公钥,点击"Import"进行导入,如图 1-14 所示。

实验1 PGP数字签字

图 1-12 选择导出菜单项

图 1-13 设定导出信息

③ 打开密钥管理器，选中导入的公钥，选择签字菜单项，如图 1-15 所示。

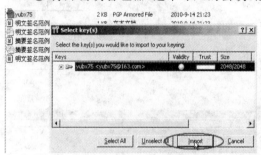

图 1-14 导入验证公钥

图 1-15 选择公钥签字

④ 在确信该公钥来源可靠的前提下，确认对其进行签字，如图 1-16 所示。
⑤ 输入验证方的私钥保护码，完成对该公钥的签字过程，如图 1-17 所示。
⑥ 再次选中上述签字完成的公钥，选择密钥属性菜单项，如图 1-18 所示。

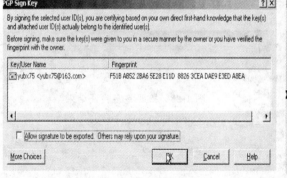

图 1-16 确认公钥签字

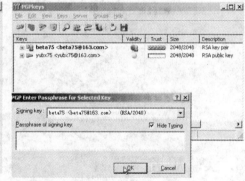

图 1-17 输入私钥保护码

⑦ 在该公钥的通用属性选项卡中调整信任级别为信任，如图 1-19 所示。

（6）验证 PGP 签字。

① 对于明文签字，右键单击签名文件并选择解密验证，如图 1-20 所示。
② 在选择解密路径之后即可看到签字验证结果，如图 1-21 所示。
③ 对于摘要签字，右键单击签名文件并选择签字验证，如图 1-22 所示。

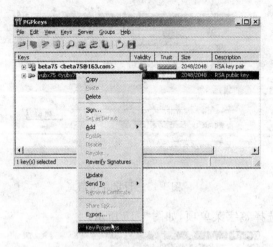

图 1-18　选择密钥属性

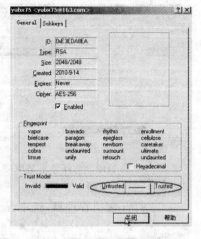

图 1-19　调整信任级别

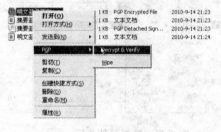

图 1-20　选择解密验证

图 1-21　明文签字验证结果

④ 可直接看到签字验证结果，如图 1-23 所示。

图 1-22　选择签字验证

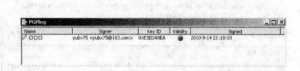

图 1-23　摘要签字验证结果

8. 实验思考

（1）跳过公钥导入和信任调整，直接进行签字验证，结果如何？试分析原因。

（2）分别修改两种签字方式的明文文件，再次对原签名结果进行验证，结果如何？试分析原因，并比较两种签字方式的差异。

实验过程记录

结果分析及总结

实验 2

Windows 系统安全增强

1. 实验目标

- 掌握 Windows 系统下 NTFS 文件系统目录及文件权限设置方法。
- 掌握 Windows 系统下注册表项的权限设置及安全增强方法。
- 掌握 Windows 系统下使用 IP 安全策略管理网络端口的方法。
- 掌握 Windows 系统下共享、服务和审计的优化及安全增强方法。

2. 实验环境

(1) 硬件环境。
- 处理器:最低 Intel 奔腾Ⅲ 500MHz,推荐 Intel 酷睿 1.8GHz 或以上。
- 内存:至少 256MB 内存,推荐 512MB 或以上。
- 硬盘:至少 100MB 可用磁盘空间,推荐 1GB 或以上。
- 网络:两台虚拟机处于同一局域网段,通过虚拟网络相互连接。

(2) 软件环境。
- 操作系统:Microsoft Windows 2000 Professional with SP4。

3. 实验要求

- 将安全性低的 FAT 文件系统转换为安全性较高的 NTFS 文件系统。
- 根据实验内容要求设置 NTFS 文件系统的目录和文件权限。

- ➢ 检查系统注册表中的可疑启动项并予以手工清除。
- ➢ 设置关键注册表项的读写权限,防止恶意软件修改或添加自启动项。
- ➢ 使用 IP 安全策略关闭不使用的网络端口,防止黑客借此入侵系统。
- ➢ 删除系统的默认共享,关停不必要的系统服务,根据要求配置系统审计。

4. 实验原理

(1) Windows 系统权限。

Windows 系统权限指定了用户(包括普通用户和特殊用户)对于特定对象(目录、文件、设备等)的操作权限及访问方式,具体分为文件权限、目录权限和共享权限,每个权限级别都限定了一个执行特定任务组合的能力。在 Windows 系统中对应的任务包括:读(read)、写(write)、执行(execute)、删除(delete)、设置许可(set permission)和取得所有权(take ownership)。对于目录和文件的权限只能够在 NTFS 卷上实现,必要时可先将非 NTFS 卷转换为 NTFS 卷。

Windows 系统中的目录权限如表 2-1 所示。表中所列各类权限描述仅仅针对当前目录成立,对于其中文件和子目录的访问权限要依据文件和子目录的权限设定进行。如果对用户目录具有执行(X)权限,则该用户可以穿越该目录进入其子目录。

表 2-1 Windows 系统目录权限

权限级别	RWEDPO	用户权限描述
拒绝访问		无法访问该目录
列表	R	可以查看该目录列表,但不一定能访问其内容
读取	RX	可以查看该目录及子目录列表,阅读文件或执行程序
添加	XW	可以向该目录中添加文件或子目录
读取添加	RXW	可以查看该目录列表、阅读或执行、添加文件或目录
修改	RXWD	在读取添加的基础上可修改、删除文件或子目录
全部控制	RXWDPO	对该目录拥有全部控制权限,可进行任意处理

Windows 系统中的文件权限如表 2-2 所示。全部控制与修改的区别在于前者在后者的基础上还可进一步设置权限和取得文件所有权。

实验2 Windows系统安全增强

表2-2 Windows系统文件权限

权限级别	RWEDPO	用户权限描述
拒绝访问		无法访问该文件，不可阅读，不可执行
读取	RX	可以阅读或执行该文件，但无法修改
修改	RXWD	可以阅读、执行、修改、删除该文件
全部控制	RXWDPO	对该文件拥有全部控制权限，可进行任意处理

Windows系统中的共享权限如表2-3所示。共享只适用于目录而非文件，其权限建立了通过网络对目录进行访问的最高级别，并且共享权限是仅分配给共享点的，共享点下的任何目录和文件都具有与共享点相同的访问权限，因此务必要小心分配共享权限。共享点可位于FAT卷或NTFS卷，当共享点位于FAT卷时，由于Windows系统的权限控制仅限于NTFS卷，此时全部控制中的权限设置（P）和取得所有权（O）操作将失效，其效果等同于修改权限。

表2-3 Windows系统共享权限

权限级别	RWEDPO	用户权限描述
拒绝访问		无法访问该目录
读取	RX	可以查看、阅读或执行该目录及子目录，但无法修改
修改	RXWD	在读取的基础上可添加、修改、删除文件或子目录
全部控制	RXWDPO	对该目录拥有全部控制权限，可进行任意处理

（2）Windows系统注册表。

注册表作为Windows系统的核心数据库，包含着计算机系统的所有软件和硬件以及当前用户的信息，其内容配置对于计算机的性能、运行方式和安全特性有着至关重要的影响。各种信息分门别类，以树状方式进行组织和管理。

按照不同的总体功能划分，注册表分为五大根键。

➢ HKEY_CLASSES_ROOT：为HKEY_CURRENT_USER\Software\Classes 和HKEY_LOCAL_MACHINE\Software\Classes 的集合，存储了所有文件类型、文件扩展关联和OLE信息等。

➢ HKEY_CURRENT_USER：包含登录用户ID的配置信息，可以是单一用户或多用户的信息，但是独立存放的。

➢ HKEY_LOCAL_MACHINE：包含本计算机所有的硬件和软件配置数据。

➢ HKEY_USERS：包含所有登录用户个人设置信息。

➢ HKEY_CURRENT_CONFIG：包含所有常被用户改变的软件硬件配置，是从HKEY_LOCAL_MACHINE\Config复制的。

常用的注册表项如表2-4所示。

表 2-4 注册表中的若干重要子键

HKEY_CURRENT_USER 根键	
AppEvents	包含为特定系统事件(如出错信息)加载的声音文件的路径
Control Panel	包含控制面板设置子项,包括 Win.ini 和 Control.ini 文件信息
Identities	管理 Outlook Express 的多用户配置文件
Keyboard Layout	键盘设置信息,可使用控制面板中的"键盘"工具来设置此布局
Network	包含描述永久性和最近的网络连接的子项
Software	包含当前用户的软件设置的所有信息
HKEY_LOCAL_MACHINE 根键	
Hardware	存放当前系统所有硬件的信息
SAM	存放当前系统的安全帐户信息
Security	存放当前系统的安全设置信息
Software	存放系统软件、当前安装的应用软件及用户的相关信息
SYSTEM	存放启动和修复系统所需的信息,也包括驱动的描述和设置信息

5. 考核要点

> NTFS 文件系统格式的转换以及安全权限的设置。
> 关键注册表项的检查清理以及相应安全权限的设置。
> 使用 IP 安全策略关闭常见的存在安全隐患的网络端口。
> 其他常用的共享、服务及审计系统安全优化措施和方法。

6. 注意事项

> 在对注册表进行不熟悉的操作之前,建议对相应注册表项进行备份。
> 设置注册表权限时应使用"regedt32.exe"而非"regedit.exe"。

7. 实验步骤

(1) 设置 NTFS 文件系统目录和文件权限。

① 查看 C 盘属性:若不为 NTFS 格式,将其转换为 NTFS 格式(在命令行窗口键入命令 convert C:/FS:NTFS 按回车)。

实验 2 Windows 系统安全增强

② 新建目录 TEST_DIR,在该目录下新建子目录 SUB_DIR。
③ 在上述目录下各自创建文件 TEST_FILE 和 SUB_FILE。
④ 删除目录 TEST_DIR 现有安全属性,增加 Administrators 组和 SYSTEM 组的"读取和执行"权限,同时允许子目录及文件继承权限,如图 2-1 和图 2-2 所示。

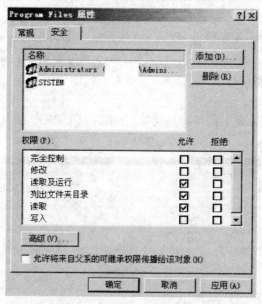

图 2-1 设置目录权限对话框

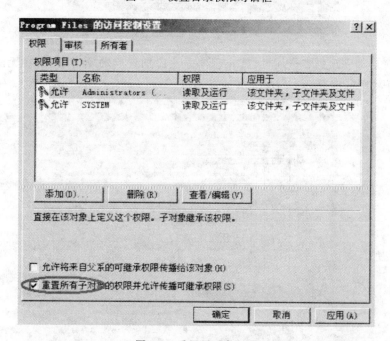

图 2-2 重置子对象权限

⑤ 查看目录 TEST_DIR 下的目录和文件安全属性,均与目录 TEST_DIR 相同。尝

试新建、修改或者删除,均无法进行。

⑥ 设置 TEST_DIR 目录下的目录和文件安全属性,增加"写入和修改"权限,同时允许子目录及文件继承权限。

⑦ 此时目录 TEST_DIR 下无法创建,但目录 SUB_DIR 和文件 TEST_FILE 均可以修改、删除。

⑧ 设置启动分区根目录以及系统启动目录"C:\Documents and Settings\用户名\「开始」菜单\程序"为上述"读取和执行"权限(但不要传播给子目录和文件),防止恶意程序自己设置为自动启动。

(2) 注册表安全增强。

① 检查并清除注册表下的可疑启动项(HKEY_CURRENT_USER 下亦有类似启动项),如图 2-3 所示。

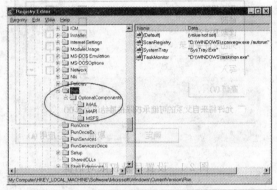

图 2-3　检查可以启动表项

② 设置启动表项的安全属性,禁止程序非法添加自启动项,修改后将无法添加或删除相应键值,如图 2-4 所示。

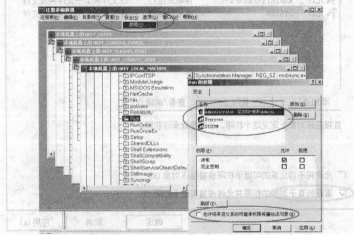

图 2-4　设置启动表项的安全属性

③ 修改以下注册表项,禁止对应安全缺陷,如表 2-5 所示。

实验 2　Windows 系统安全增强

表 2-5　建议修改的注册表项

键　名	键值	说　明
HKLM\SYSTEM\CurrentControlSet\Control\Lsa\Restrictanonymous	1	禁止匿名用户连接
HKLM\Software\Microsoft\WindowsNT\CurrentVersion\Winlogon\AutoAdminLogon	0	关闭管理员自动登录功能
HKLM\System\CurrentControlSet\Services\Tcpip\Parameters\DisableIPSourceRouting	2	防御源路由欺骗攻击
HKLM\SYSTEM\CurrentControlSet\Services\Tcpip\Parameters\EnableICMPRedirect	0	防止 ICMP 重定向
HKLM\System\CurrentControlSet\Services\Tcpip\Parameters\SynAttackProtect	2	防御 SYN FLOOD 攻击

（3）使用 IP 安全策略管理网络端口。

为了提高系统安全性能，建议关闭不使用的网络端口，如 21、23、80、139、445 等。步骤如下（以 80 端口为例）：

① 选择"开始"→"设置"→"控制面板"→"管理工具"→"本地安全策略"→"IP 安全策略"→"创建 IP 安全策略"，启动 IP 安全策略向导，如图 2-5 所示。

➤ 指定新的安全策略名称，如图 2-6 所示。

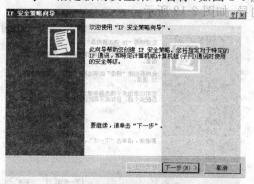

图 2-5　IP 安全策略向导

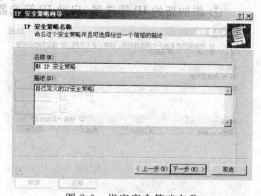

图 2-6　指定安全策略名称

② 激活默认响应规则，如图 2-7 所示。
③ 完成 IP 策略向导，如图 2-8 所示。
④ 编辑新策略属性，如图 2-9 所示。

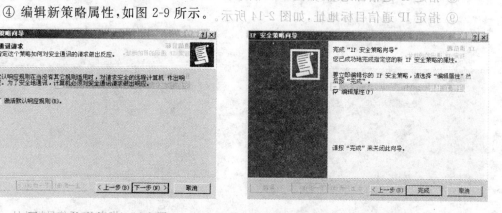

图 2-7　激活默认响应规则　　　　　　图 2-8　完成 IP 策略向导

⑤ 添加新的 IP 安全规则,如图 2-10 所示。

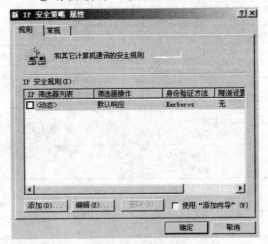

图 2-9　编辑新策略属性

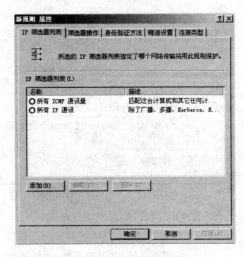

图 2-10　新 IP 安全规则属性

⑥ 添加新的 IP 筛选器列表,如图 2-11 所示。
⑦ 添加新的 IP 筛选器,启动 IP 筛选器向导,如图 2-12 所示。

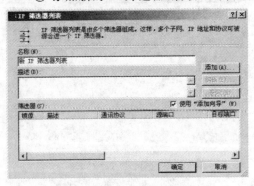

图 2-11　新 IP 筛选器列表

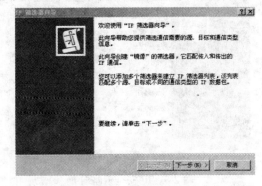

图 2-12　IP 筛选器向导

⑧ 指定 IP 通信源地址,如图 2-13 所示。
⑨ 指定 IP 通信目标地址,如图 2-14 所示。

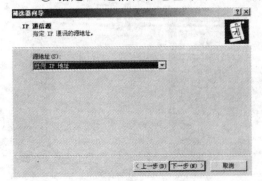

图 2-13　指定 IP 通信源地址

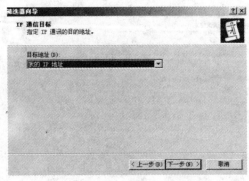

图 2-14　指定 IP 通信目标地址

⑩ 选择 IP 协议类型,如图 2-15 所示。
⑪ 选择 IP 协议端口,如图 2-16 所示。

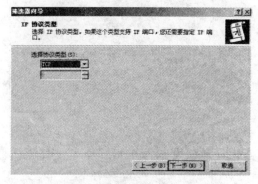

图 2-15　选择 IP 协议类型

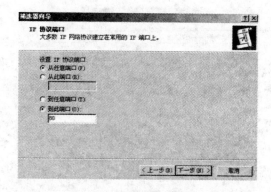

图 2-16　选择 IP 协议端口

⑫ 完成 IP 筛选器向导,如图 2-17 所示。
⑬ 选择新建 IP 筛选器列表,如图 2-18 所示。

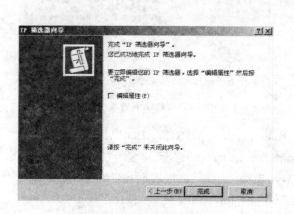

图 2-17　完成 IP 筛选器向导

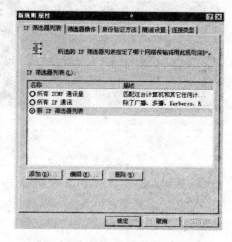

图 2-18　选择新建 IP 筛选器列表

⑭ 允许 IP 筛选器操作,如图 2-19 所示。
⑮ 设置 IP 筛选器安全措施,如图 2-20 所示。
⑯ 退出 IPSEC 安全设置,完成规则创建,指派新 IP 规则生效。
⑰ 此时访问本机 80 端口,无法访问。
(4) 其他安全配置措施。
① 在默认状态下,Windows 会开启所有分区的隐藏共享。在命令行输入"NET SHARE"查看当前共享;或者选择"开始"→"设置"→"控制面板"→"管理工具"→在"计算机管理"窗口下选择"系统工具"→"共享文件夹"→"共享",就可以看到硬盘上的每个分区名后面都加了一个"$",如图 2-21 和图 2-22 所示。
② 在当前会话中删除默认共享:输入如下命令:NET SHARE IPC$ /DEL,即可删除对应共享;但下次开机后又自动恢复默认共享状态。

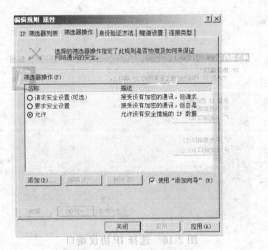 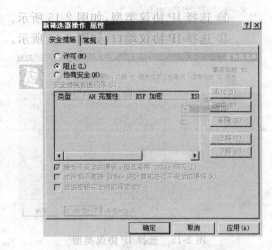

图 2-19 允许 IP 筛选器操作　　　　　图 2-20 设置 IP 筛选器安全措施

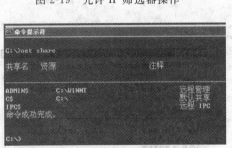 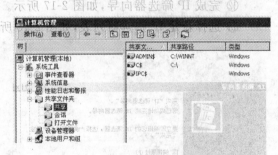

图 2-21 NET SHARE 查看当前共享　　　图 2-22 管理工具查看当前共享

③ 永久删除默认共享：打开注册表 Regedit，进入"HKEY_LOCAL_MACHINE\ SYSTEM\ControlSet001\Services\Lanmanserver\parameters"，新建名为"AutoShareWKs"的双字节值，并将其值设为"0"，然后重新启动电脑，这样就可以取消共享。

④ 此时使用"net use\\192.168.0.100\IPC＄"无法建立连接，使用"NET SHARE"命令查看当前共享列表为空。

⑤ 不必要的系统服务不仅消耗系统资源，而且容易引入安全缺陷，需要关闭或者停止。选择"开始"→"设置"→"控制面板"→"管理工具"→"服务"，在列表中双击对应服务，在"启动类型"中选择"禁止"，关机重新启动即可，如图 2-23 所示。

⑥ 以下服务建议手动或禁用，如表 2-6 所示。

⑦ 正确设置的审计系统有助于记录系统异常事件，对于增强系统安全性有一定帮助。选择"开始"→"设置"→"控制面板"→"管理工具"→"本地安全策略"→"本地策略"→"审核策略"，如图 2-24 所示。

⑧ 打开所有审核选项，如图 2-25 所示。

⑨ 此后即可在事件查看器安全日志中看到相关事件纪录，如图 2-26 所示。

实验 2 Windows 系统安全增强

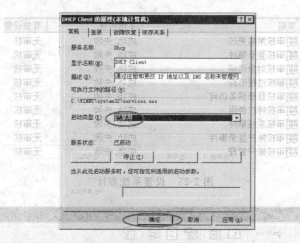

图 2-23 设置服务的启动类型

表 2-6 建议关停的系统服务

服务名称	操作原因	操作建议
ClipBook	易于泄漏敏感信息	禁止
Computer Browser	维护网络计算机列表，若不用 MS 网络	禁止
DHCP Client	如果不连接 DHCP 服务器	禁止
Fax Service	如果不使用传真服务	手动
Indexing Service	不必要的索引服务	禁止
Internet Connect Sharing	互联网连接共享	禁止
Messenger	不必要的消息传送服务	禁止
Net Logon	如果不使用网络登录服务	禁止
Print Spooler	将文件加载到内存中以便迟后打印	手动
Remote Registry Service	远程注册表服务，安全隐患	禁止
RunAs Service	把可执行文件当作系统服务运行	手动
Server	提供 RPC、文件、打印以及管道共享	禁止
Task Schedule	任务调度服务，可能被黑客利用	禁止
TCP/IP NetBIOS Helper Service	NetBIOS 相关服务	禁止
Telnet	不安全的远程登入服务，黑客工具	禁止

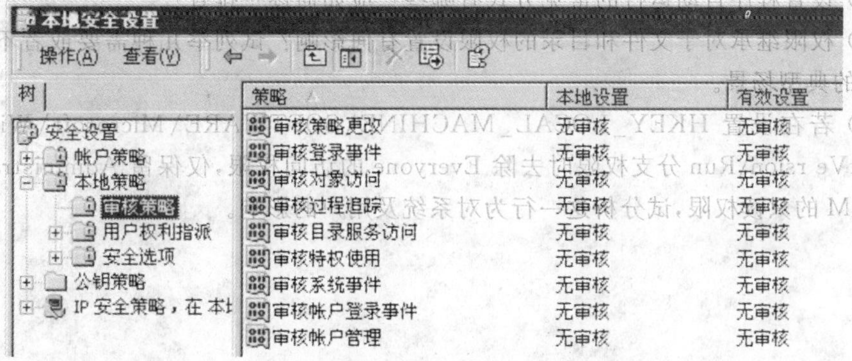

图 2-24 系统审核策略

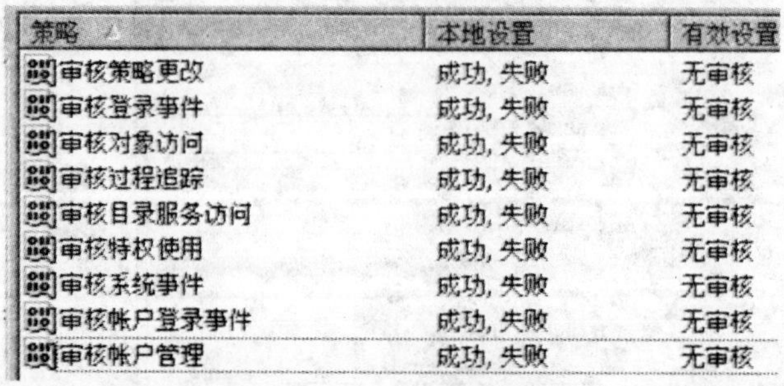

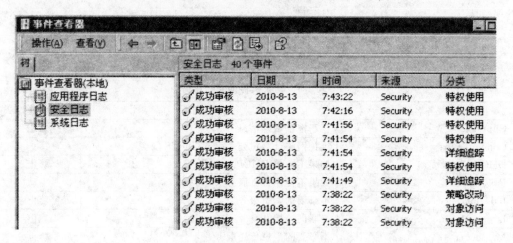

图 2-25　设置系统审计

图 2-26　安全日志中的事件纪录

8. 实验思考

（1）试通过实验观察对比 FAT 文件系统和 NTFS 文件系统的更多功能差异。

（2）设置程序自动运行的常见方式有哪些？应如何逐一排查？

（3）权限继承对于文件和目录的权限设置有何影响？试列举几种需要或者不需要权限继承的典型场景。

（4）若在设置 HKEY_LOCAL_MACHINE\SOFTWARE\Microsoft\Windows\CurrentVersion\Run 分支权限时去除 Everyone 的访问权限，仅保留 Administrators 和 SYSTEM 的只读权限，试分析这一行为对系统及用户的影响。

实验过程记录

结果分析及总结

实验 3

操作系统帐户安全

1. 实验目标

- 学会伪装 Windows 系统管理员帐户并设置欺骗帐户。
- 掌握 Windows 系统中的帐户安全策略设置方法。
- 学会使用 L0phtCrack 软件对系统帐户进行安全审计。
- 熟悉 Ubuntu Linux 系统文件权限和帐户安全特性。

2. 实验环境

(1) 硬件环境。
- 处理器:最低 Intel 奔腾Ⅲ 500MHz,推荐 Intel 酷睿 1.8GHz 或以上。
- 内存:至少 256MB 内存,推荐 512MB 或以上。
- 硬盘:至少 100MB 可用磁盘空间,推荐 1GB 或以上。
- 网络:两台虚拟机处于同一局域网段,通过虚拟网络相互连接。

(2) 软件环境。
- 操作系统:Microsoft Windows 2000 Professional with SP4。
- 操作系统:Ubuntu JeOS 8.04.3 LTS 2.6.24-24-virtual。
- 应用软件:FindPass(无需安装)、L0phtCrack V.5.04(需自行安装)。

3. 实验要求

- ➢ 伪装 Windows 管理员帐户并设置破解难度较高的欺骗帐户。
- ➢ 根据实验要求设置 Windows 系统帐户安全策略，提高系统安全性。
- ➢ 使用 FindPass 和 L0phtCrack 软件对系统帐户进行安全审计。
- ➢ 根据实验要求设置 Linux 文件系统权限并理解 Linux 帐户安全特性。

4. 实验原理

(1) Windows 系统帐户管理机制。

基于 Windows NT 内核的系列操作系统均使用安全账号管理器(security account manager,SAM)机制来实现对用户账号的安全管理，这一过程是通过安全标识(security identity,SID)进行的。安全标识在创建用户帐户的同时被创建，在用户帐户被删除时删除，因此与用户帐户同时存在，是用户在系统中角色和身份的唯一标志。

安全标识具备唯一性，即使创建同名的用户帐户，其安全标识也不可能相同，因此不会具备原被删用户的身份和相应权限。安全标识出计算机名、当前时间和当前用户态线程的 CPU 耗时总和三个因素共同决定，其中所引入的随机性充分保证了安全标识的唯一性。

安全账号管理器以加密数据库的形式保存用户的登录名和口令等相关信息，存储于%SYSTEMRoot%\system32\config\sam 文件。该文件在系统运行时被锁定，一般的编辑器无法直接读取。另外，注册表中 HKEY_LOCAL_MACHINE\SAM\SAM 和 HKEY_LOCAL_MACHINE\SECURITY\SAM 亦保存了 SAM 文件的内容，在正常设置下仅对 SYSTEM 是可读写的。

在早期的操作系统(Windows NT 和 Windows 2000)中，登录的域名和用户名是明文存储在 WinLogon 进程里的，因此提供了一种动态破解帐户口令的方法。先在 WinLogon 的内存空间中寻找 UserName 和 DomainName 的字符串，找到后就检查并破解后边的加密口令，当破解结果均为可显示字符时即认为破解成功。上述暴力破解过程只针对 Windows 2000 系统，在 Windows NT 系统中，hash-byte 是包含在编码中的，因此只需要直接调用函数解码就可以了。

(2) Linux 系统帐户管理机制。

与 Windows 系统类似，Linux 系统也为每个帐户指定一个用户标识(user identity,UID)，同时还指定一个组标识(group identity,GID)。用户标识同样作为用户帐户在系统中的角色和身份的标志，但不同的是这一标志不具备唯一性：具有相同用户标识的不同帐户将被视为同一用户,具有完全相同的系统权限。

Linux 系统中用户账号信息保存在 Passwd 文件中,每个帐户各有一条目,各项信息按如下格式排列:用户名→加密口令→UID→GID→用户描述→主目录→Shell 路径。可以看出,用户账号信息中仅对口令一项进行了加密处理,其余信息均以明文形式保存,使得任何具备相应权限的用户均可阅读或修改用户账号信息。

增强 Linux 系统帐户管理安全性的方法之一是使用影子口令(shadow)文件。通过将 Passwd 文件中的口令域置换为其他替代符号,并将真正的口令密文存放到只能被 root 和 Passwd 等具有 SUID 位的程序读取或修改的 Shadow 文件,从而在一定程度上减少了口令泄漏或被破解的几率。

5. 考核要点

➢ 对 Windows 系统帐户的伪装和帐户安全策略的设置。
➢ 对操作系统账号的安全审计和口令分析破解方法的掌握。
➢ 对 Linux 系统文件权限及帐户管理机制的理解和应用。

6. 注意事项

➢ 部分杀毒软件会将实验软件代码误认为病毒,因此需要关闭杀毒软件。

7. 实验步骤

(1) Windows 系统帐户伪装及安全策略设置。

① 选择"开始"→"设置"→"控制面板"→"管理工具"→在"计算机管理"窗口下选择"本地用户和组"→"用户",如图 3-1 所示。

② 将内置管理员帐户改名为普通用户名称;新建普通用户命名为 Administrator,删除一切权限,设定高复杂度密码(但不要禁用);禁用来宾帐户;如图 3-2 所示。其中 Administrator 为伪装的内置管理员帐户,密码复杂度高但无任何权限,作为攻击诱饵;yubx75 为真正的内置管理员帐户。

③ 选择"开始"→"设置"→"控制面板"→"管理工具",在"计算机管理"窗口下选择"本地安全策略"→"密码策略",如图 3-3 所示。

④ 启用复杂性要求,设置密码长度最小值为 10 字符,如图 3-4 所示。

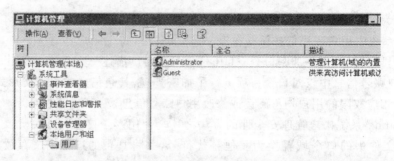

图 3-1　本机用户列表

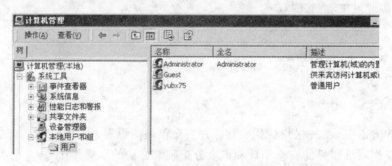

图 3-2　伪装后的用户列表

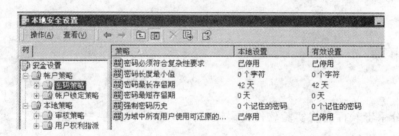

图 3-3　密码策略

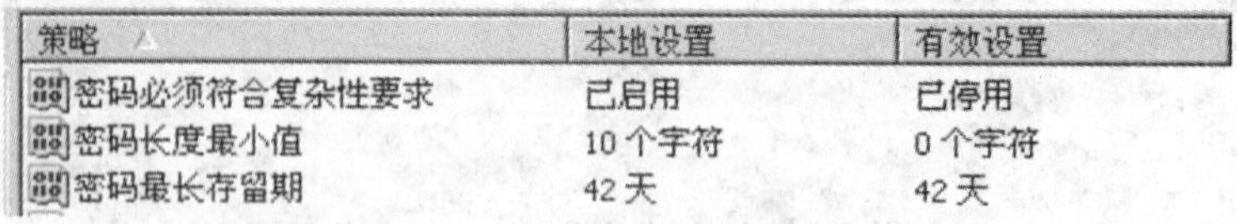

策略	本地设置	有效设置
密码必须符合复杂性要求	已启用	已停用
密码长度最小值	10 个字符	0 个字符
密码最长存留期	42 天	42 天

图 3-4　设置密码复杂度要求和最小长度要求

⑤ 选择帐户锁定策略，如图 3-5 所示。

图 3-5　帐户锁定策略

实验 3 操作系统帐户安全

⑥ 设定帐户锁定阈值为 3 次,其余采用建议值,如图 3-6 所示。

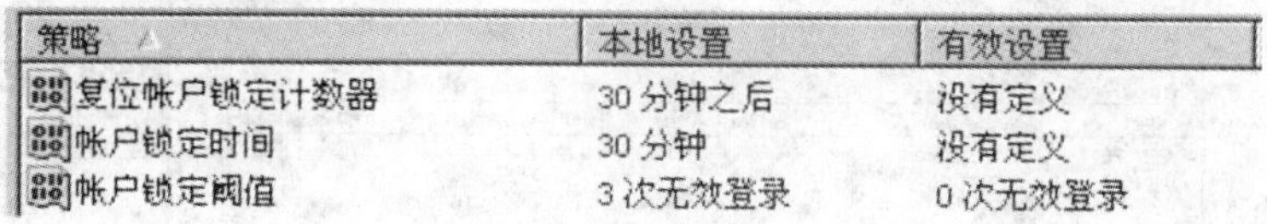

图 3-6 设定帐户锁定策略

⑦ 选择安全策略,如图 3-7 所示。

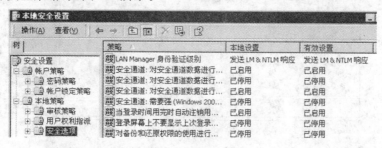

图 3-7 安全策略

⑧ 在安全策略中设置以下安全选项,如表 3-1 所示。

表 3-1 需要设置的安全策略

策略名称	设定值	说明
不显示上次登录名	启用	防止攻击者获知攻击对象
对匿名连接的额外限制	不允许枚举和共享	防止攻击者获得用户列表
禁用"CTRL"+"ALT"+"DEL"登录设置	停用	防止木马盗窃登录密码
未签名非驱动程序安装	禁止安装	禁止非法程序安装
未签名驱动程序安装	允许安装但警告	选择性安装驱动程序
关机时清理页面交换文件	启用	防止泄漏敏感信息
限定本地用户访问移动存储	启用	防止对数据的非授权访问

(2) 使用 L0phtCrack 进行帐户审计。

① 启动 Windows 系统,双击安装程序 LC5setup,安装 L0phtCrack,根据提示完成安装并注册。

② 打开 LC5,此时该软件会弹出一个向导框,跟随该向导完成软件设置。

③ 单击"下一步"按钮,将出现选择加密密码来源的对话框。在本机注册表、同一个域内的计算机、NT 系统中的 sam 文件和监听本地网络中传输的密码 Hash 表四种来源中选择第二种:同一个域内的计算机。

④ 单击"下一步"按钮,将出现选择检测密码方法的对话框。在快速检测、普通检测、强密码检测和定制检测四种方法中选择第一种:快速检测。

⑤ 单击"下一步"按钮,将出现选择显示方法的对话框,选系统默认值。

⑥ 单击"下一步"按钮,将出现如图 3-8 所示的汇总信息对话框,点击"完成"即开始检测。

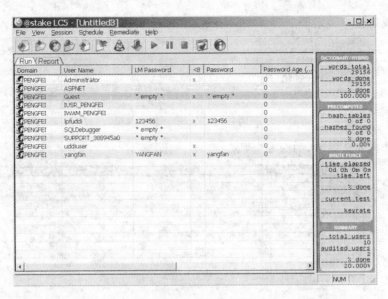

图 3-8　帐户审计结果

⑦ 对于检测出的弱口令,选择菜单中的"Remidiate"下的"Disable Accounts",禁止该账号;或选择"Force Password Change",强迫该用户在下次登录时修改密码。

(3) Linux 系统帐户安全。

① 启动 Linux 系统,以 beta75 帐户登入 Ubuntu 系统,查看当前用户 umask 值:umask。

② 新建 TEST_DIR 目录和 TEST_FILE 文件,查看其缺省权限:ls -l。

③ 临时改变 umask 值:umask 027,umask 077,再次重复第②步。

④ 修改 Passwd 文件:sudo vi /etc/passwd,将 bets75 的 UID 和 GID 改为 0。

⑤ 登出:exit;再登入 beta75,观察其权限变化。

⑥ 启用 Ubuntu 系统中的 root 帐户:sudo passwd root;登出:exit。

⑦ 以 root 登入,修改/etc/passwd 文件,删除 beta75 帐户的口令标志 x;登出。

⑧ 以 beta75 登入,此时帐户口令失效,无需密码即可登入。

⑨ 锁定 root 帐户:sudo passwd -l root;此后 root 帐户无法登录系统。

⑩ 解锁 root 帐户:sudo passwd -u root;登出:exit。

⑪ 以 root 登入,删除/etc/passwd 文件:sudo rm /etc/passwd;登出。

⑫ 尝试以 root 和 beta75 登入,记录尝试结果。

8. 实验思考

(1) 根据上述试验过程,试分析暴力破解加密密码的原理。特别的,软件如何判断某次尝试结果是否为正确的登录密码?

(2) 根据相关原理,试使用 FindPass 软件查找 WinLogon 进程中的登录密码。

实验过程记录

结果分析及总结

实验 4

网络漏洞扫描

1. 实验目标

- 掌握利用 Fluxay、NMap 等软件进行常规网络扫描的方法。
- 熟悉常见网络漏洞的成因和利用方式,掌握相应的防御方法。

2. 实验环境

(1) 硬件环境。
- 处理器:最低 Intel 奔腾Ⅲ 500MHz,推荐 Intel 酷睿 1.8GHz 或以上。
- 内存:至少 256MB 内存,推荐 512MB 或以上。
- 硬盘:至少 100MB 可用磁盘空间,推荐 1GB 或以上。
- 网络:两台虚拟机处于同一局域网段,通过虚拟网络相互连接。

(2) 软件环境。
- 操作系统:Microsoft Windows 2000 Professional with SP4。
- 应用软件:Fluxay V. 5. 3310、NMap V. 5. 21(均需自行安装)、RCClient、RCServer(远程监控软件,无需安装)。

3. 实验要求

- 使用上述任一种扫描软件对另一网络主机进行扫描,审计其安全漏洞。
- 使用扫描软件对另一网络主机进行 IPC$ 扫描,破解管理员帐户及密码。

➢ 使用管理员帐户及密码实施 IPC＄会话攻击，获取访问权限并实现主机监控。

4. 实验原理

(1) 网络扫描。

按照扫描目标的不同，网络扫描可分为三种类型：主机扫描、端口扫描和操作系统识别。

主机扫描用于确定在目标网络上的主机是否可达，同时尽可能多地映射目标网络拓扑结构，主要利用 ICMP 数据包实现。常见的方式包括：ICMP Echo、ICMP Sweep、Broadcast ICMP、Non-Echo ICMP、异常 IP 包头、无效字段 IP 头、超长 IP 包、反向映射等。

端口扫描技术是一项自动探测本地和远程系统端口开放情况的策略及方法，它使用户了解系统目前向外界提供了哪些服务，为管理网络提供了一种手段。端口扫描向目标主机的 TCP/IP 服务端口发送探测数据包，并记录目标系统的响应，通过分析响应来判断服务端口是打开还是关闭，从而得知端口提供的服务或信息。常见的端口扫描方式包括开放扫描、半开放扫描和秘密扫描等。

操作系统识别是指通过扫描方式确定目标主机的操作系统类型和版本的攻击技术。由于很多漏洞都是和操作系统密切相关的，准确识别操作系统既可以确定系统存在的漏洞，又可以有针对性地进行扫描从而提高效率。相关扫描方法包括获取标识信息、Windows API、TCP/IP 协议栈指纹以及其他识别方式(TTL)等。

此外，为了防止扫描行为被防火墙或者入侵检测软件发现并防范，还出现了延时扫描和分布式扫描技术，在一定程度上提高了扫描效率和成功概率。

(2) IPC＄会话。

Windows NT/2000 系统为实现进程间的通信开放了名为 IPC＄ 的命名管道。通过提供可信任的用户名和口令，连接双方可以通过挑战—响应协议建立安全的通道，并以此通道进行加密数据的交换，从而实现对远程计算机的访问。如果无法提供正确的用户名和口令，还可以建立名为空会话的 IPC＄连接，但由于这种情况下用户未经身份认证，只能持有空会话令牌(SID 为 S－1－5－7)，并凭此令牌实现对远程主机共享资源的有限访问。空会话的建立成功与否以及作用大小完全取决于远程主机的相应设置：如果远程主机禁止空会话并且关闭了所有默认共享，则空会话毫无用处。因此，更可靠的方法是在获取用户名列表后直接对帐户密码进行破解，从而以较高权限执行攻击行为。设立 IPC＄会话和开放默认共享的初衷是为了方便网络管理，但在有意无意之间可能被攻击者利用，导致了系统安全性的降低。

实验 4　网络漏洞扫描

5. 考核要点

- 对远程主机进行常规网络扫描并分析扫描结果及利用价值。
- 理解 IPC＄会话建立过程及实现 IPC＄会话攻击的先决条件和常见问题。
- 通过实验过程掌握网络扫描以及 IPC＄会话攻击的防范方法。

6. 注意事项

- 实验时间有限，在破解用户口令时注意口令复杂性，而且字典规模应适度。

7. 实验步骤

（1）远程主机扫描。

① 启动两台 Windows 主机，一台作为扫描主机，另一台作为远程主机。
② 在扫描主机上安装 Fluxay 扫描软件，完成后进行必要的软件设置。
③ 启动扫描软件，选择"探测"→"高级扫描工具"，如图 4-1 所示。
④ 在高级扫描设置中填入远程主机 IP，并勾选扫描选项，如图 4-2 所示。

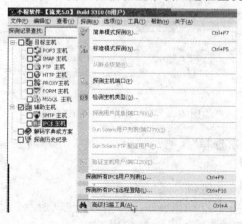

图 4-1　选择扫描命令

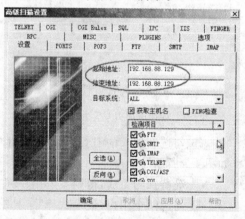

图 4-2　设置扫描选项

⑤ 点击"确认"后在"选择流光主机"中选择本地主机，如图 4-3 所示。
⑥ 等待扫描完成，查看并分析扫描结果，如图 4-4 所示。

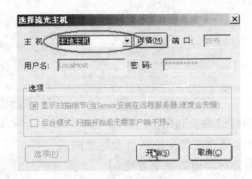

图 4-3 选择扫描主机

图 4-4 查看扫描结果

(2) IPC$会话扫描。

通过对远程主机的扫描结果分析,远程主机可以枚举用户列表,同时允许建立 IPC$ 空会话连接,因此可以进一步实施 IPC$ 会话扫描。

① 在左上侧功能树中右键单击"IPC$主机",然后依次选择"编辑"→"添加"命令,如图 4-5 所示。

② 在"添加主机"对话框中填入远程主机的 IP 地址,如图 4-6 所示。

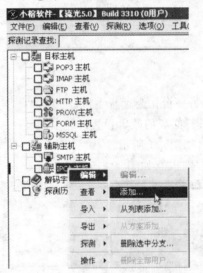

图 4-5 选择添加 IPC$ 主机

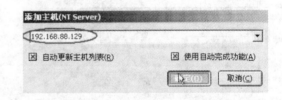

图 4-6 输入 IPC$ 主机 IP 地址

③ 勾选新加入的 IPC$主机,右键单击,依次选择"探测"→"探测 IPC$用户列表",如图 4-7 所示。

④ 等待探测完成,得到系统用户列表,如图 4-8 所示。

⑤ 勾选两个用户,依次选择"工具"→"字典工具"→"黑客字典Ⅲ",如图 4-9 所示。

⑥ 依次设置符号构成、排列方案及存放位置,生成字典,如图 4-10 所示。

⑦ 右键单击远程主机,依次选择"探测"→"探测 IPC$远程登录",如图 4-11 所示。

⑧ 在探测设置中清除对"简单模式"的勾选,使用自定义字典进行探测。

⑨ 等待探测完成,得到远程主机管理员密码,如图 4-12 所示。

实验 4　网络漏洞扫描

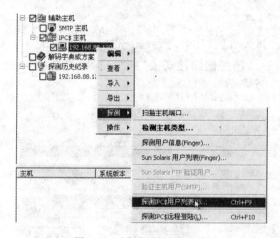

图 4-7　选择探测用户列表

图 4-8　探测用户列表完成

图 4-9　选择字典生成工具

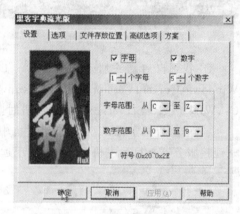

图 4-10　设置字典生成选项

图 4-11　选择探测 IPC＄登录

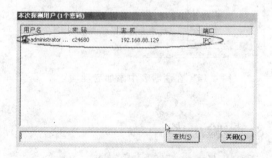

图 4-12　IPC＄远程登录探测结果

(3) IPC＄会话攻击。

在得到了远程主机的管理员帐户名和密码后即可开始进行 IPC＄会话攻击。

① 装载目标主机共享磁盘：net use P：\\192.168.88.129\C＄"密码"/USER：

"Administrator",如图 4-13 所示。

② 将远程监控服务器软件 RCServer.exe 拷入 X:\WINNT\system32。

③ 打开目标主机注册表:regedit→"文件"→"连接网络注册表"→"目标主机名称",如图 4-14 所示。

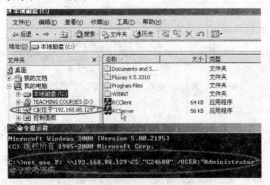

图 4-13 装载目标主机共享磁盘　　　　图 4-14 打开目标主机注册表

④ 找到自启动注册表项:HKEY_LOCAL_MACHINE\SOFTWARE\Microsoft\Windows\CurrentVersion\Run,在 Run 分支下创建名为 Security 的字符串值,内容为:C:\WINNT\RCServer.exe,实现开机时监控服务器程序的自启动,如图 4-15 所示。

⑤ 重启目标主机,随后在扫描主机中启动客户端软件 RCClient,依次单击远程控制→连接服务器→目标主机 IP,即可实现远程监控,如图 4-16 所示。

图 4-15 在注册表中添加启动项　　　　图 4-16 远程监控目标主机

8. 实验思考

（1）实施 IPC＄会话攻击需要满足什么前提条件？如何防范 IPC＄会话攻击？

（2）除了修改远程主机注册表实现监控服务器的自启动之外,还有其他什么方法可以达到同样效果？

（3）如何抹掉攻击行为在远程主机日志系统中留下的审计记录？

实验过程记录

结果分析及总结

实验 5

IPTABLES 防火墙

1. 实验目标

- 理解 IPTABLES 防火墙的构成元素和工作原理,熟悉包过滤配置命令。
- 理解 IPTABLES 防火墙的连接跟踪机制,掌握典型应用场景和配置方法。
- 根据实验要求写出 IPTABLES 防火墙配置命令,并检验结果是否正确。

2. 实验环境

(1) 硬件环境。
- 处理器:最低 Intel 奔腾Ⅲ 500MHz,推荐 Intel 酷睿 1.8GHz 或以上。
- 内存:至少 256MB 内存,推荐 512MB 或以上。
- 硬盘:至少 100MB 可用磁盘空间,推荐 1GB 或以上。
- 网络:两台虚拟机处于同一局域网段,通过虚拟网络连接并能访问外网。

(2) 软件环境。
- 操作系统:Microsoft Windows 2000 Professional with SP4。
- 操作系统:Ubuntu JeOS 8.04.3 LTS 2.6.24-24-virtual。
- 应用软件:IPTABLES 1.3.8(系统软件无需安装)、HTTP File Server V.2.3.270(无需安装)、Serv-U V.6.0(需自行安装)。

3. 实验要求

- 熟悉 IPTABLES 防火墙的管理命令(启动、关闭、规则集处理、查看等)。
- 根据实验要求写出对应的包过滤配置指令,并验证结果是否正确。
- 根据要求写出 FTP 服务器的连接跟踪配置指令,并验证结果是否正确。

4. 实验原理

IPTABLES 是集成在 2.6.x 版本内核的 IP 包过滤系统,该系统可以用于连接到局域网或互联网的 Linux 主机上更好地控制网络流量,从而实现通信控制和其他安全功能。此外,IPTABLES 还可以被配置为有状态的防火墙(称为连接追踪机制),能够指定并记住为发送或接收信息包所建立的连接状态,从而增加信息处理效率和速度,这是 ipfwadm 和 ipchains 等以往工具都无法提供的一种重要功能。

IPTABLES 的构成元素包括表、链和规则。多条防火墙规则按照不同应用场合被组织为五条链表(简称为链):INPUT 链、FORWARD 链、OUTPUT 链、PREROUTING 链、POSTROUTING 链。IPTABLES 有三张表,分别为 filter 表、nat 表、mangle 表,每张表可以包含一条或多条链。各链和表的位置及功能描述如表 5-1 所示。

表 5-1　IPTABLES 的表和链

表名	表功能描述
filter	当接收、转发或发送 IP 包时应用,所含链规则用于实现 IP 包过滤
nat	当接收、转发或发送 IP 包时应用,所含链规则用于实现 IP 包地址转换
mangle	当接收、转发或发送 IP 包时应用,所含链规则用于修改 IP 包业务标志

链名	位置	链功能描述
INPUT	filter	当接收 IP 包时应用,用于匹配目的 IP 为本机的数据包
FORWARD	filter	当转发 IP 包时应用,用于匹配由本机转发的数据包
OUTPUT	filter	当发送 IP 包时应用,用于匹配源 IP 为本机的数据包
PREROUTING	nat	当接收 IP 包时应用,用于在路由处理之前修改目标地址
POSTROUTING	nat	当发送或转发 IP 包时应用,用于在路由处理之后修改源地址

IPTABLES 的数据包处理流程框架如图 5-1 所示,其中箭头表明 IP 包流向。当数据包流入本机时,首先匹配 nat 表和 mangle 表的 PREROUTING 链,在此修改数据包的目标地址和 TOS、TTL、MARK 等业务信息,随后根据路由处理结果分为转发数据包和接收数据包。接收数据包进一步匹配 filter 表和 mangle 表的 INPUT 链,转发数据包则进而匹配 filter 表和 mangle 表的 FORWARD 链。发送数据包匹配 filter 表、nat 表和 mangle 表的 OUTPUT 链,然后和转发数据包一起匹配 nat 表和 mangle 表的 POST-ROUTING 链后发往其他网络主机。

IPTABLES 的连接追踪机制使得防火墙可以被配置为比简单包过滤更安全的状态防火墙,其中定义了数据包的四种状态:NEW、ESTABLISHED、RELATED 和 INVALID。连接追踪状态通常在 PREROUTING 链和 OUTPUT 链触发,分别对应外来数据

实验 5　IPTABLES 防火墙　　　　　　　　　　　　　　　　　　　　　　　　　　　　45

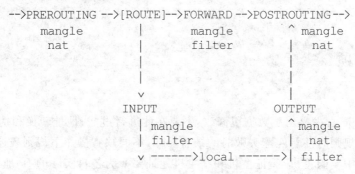

图 5-1　IPTABLES 构成框架

包和外发数据包。此外还有一种被标记为不被进行状态追踪的 UNTRACKED 状态。五种状态的具体描述如表 5-2 所示。

表 5-2　连接追踪的五种状态

状态	描述
NEW	表示该数据包是看到的第一个数据包,在连接追踪系统里立刻被匹配
ESTABLISHED	表示双向都看到流量且持续匹配,应答会使状态从 NEW 变成 ESTABLISHED
RELATED	表明该数据包所属的连接和某个已处于 ESTABLISHED 状态的连接有关系
INVALID	表明该数据包不能被识别或者它没有任何状态,通常选择丢弃该数据包
UNTRACKED	表明该数据包在 raw 表里面被 NPTRACK target 进行了标记,不被跟踪

连接追踪机制下 TCP 和 UDP 协议涉及的初始状态变化过程如图 5-2 所示。首个连接请求包被标记为 NEW 状态,对该数据包的应答及后续数据包则被标记为 ESTABLISHED 状态。虽然 UDP 协议不存在连接的建立和关闭的概念,但仍能够在内核中设置连接的状态。

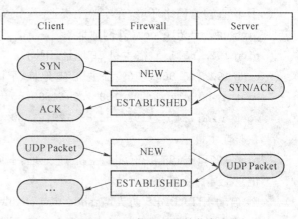

图 5-2　TCP 和 UDP 协议的初始状态变化

5. 考核要点

- ➢ Linux 系统中 IPTABLES 防火墙的开启、关闭和查询操作及规则设置。
- ➢ 根据要求配置和管理包过滤模式的 IPTABLES 防火墙并验证其正确性。
- ➢ 为 FTP 服务器配置连接追踪模式的 IPTABLES 防火墙并验证其正确性。

6. 注意事项

> mangle 表主要用于数据包修改,不要在此进行过滤、地址转换和伪装。
> 编写规则时注意匹配失败时的缺省操作,不同缺省操作下规则表述不同。
> 实验中实验主机、验证主机和宿主机地址要换为各自实际的 IP 地址。

7. 实验步骤

(1) 实验准备。

① 启动虚拟机正本(Linux 系统,作为实验主机)、虚拟机副本(Windows 系统,作为验证主机)。

② 在宿主机和验证主机上设置 HTTP 服务器,根目录下分别发布文件 hostfile 和 vertfile。

③ 在宿主机设置 FTP 服务器,添加帐户 beta75,口令留空,根目录下发布文件 hostfile。

(2) 包过滤防火墙。

① 检查初始网络环境,在实验主机上:

ping www.google.com(外网地址);

ping 192.168.1.3(宿主机 IP 地址,下同);

ping 192.168.88.129(验证主机 IP 地址,下同);

wget -r -nd http://192.168.1.3:61880/hostfile;

wget -r -nd http://192.168.88.129:61880/vertfile。

在验证主机上:

ping 192.168.88.128(实验主机 IP 地址,下同)。

记录上述命令结果。

② 启动 IPTABLES 防火墙:sudo ufw enable。

③ 查看防火墙启动结果:sudo ufw status;记录命令结果。

④ 初始化防火墙规则集:

sudo iptables -F	清除现有 filter 规则
sudo iptables -X	清除全部 filter 用户链
sudo iptables -t nat -F	清除全部 nat 规则
sudo iptables -t nat -X	清除全部 nat 用户链
sudo iptables -xvnL	查看 filter 表规则链
sudo iptables -t nat -xvnL	查看 nat 表规则链

实验 5　IPTABLES 防火墙

⑤ 禁止一切网络流量:设置 INPUT 链缺省策略(丢弃);
sudo iptables -P INPUT DROP;
验证效果:重复第①步,记录命令结果。
⑥ 允许局域网内部通信:允许来自内部子网、到达 eth0 接口上的流量;
sudo iptables -A INPUT -i eth0 -s 192.168.88.0/24 -j ACCEPT;
验证效果:重复第①步,记录命令结果。
⑦ 允许宿主机网络通信:允许来自宿主机子网、到达 eth0 接口上的流量;
sudo iptables -A INPUT -i eth0 -s 192.168.1.0/24 -j ACCEPT;
验证规则效果:重复第①步,记录命令结果。
⑧ 允许所有网络通信:允许来自外网、到达 eth0 接口上的流量;
sudo iptables -A INPUT -i eth0 -j ACCEPT;
验证规则效果:重复第①步,记录命令结果。
⑨ 禁止本机 ping 通 google:丢弃目标为 www.google.com 的 ICMP 数据包;
sudo iptables -A OUTPUT -p icmp -d www.google.com -j DROP;
验证规则效果:重复第①步,记录命令结果。
⑩ 禁止本机 ping 通宿主机网络:丢弃目标为 192.168.1.0/24 的 ICMP 数据包;
sudo iptables -A OUTPUT -p icmp -d 192.168.1.0/24 -j DROP;
验证规则效果:重复第①步,记录命令结果。
⑪ 禁止本机 ping 通本地网络:丢弃目标为 192.168.88.0/24 的 ICMP 数据包;
sudo iptables -A OUTPUT -p icmp -d 192.168.88.0/24 -j DROP;
验证规则效果:重复第①步,记录命令结果。
⑫ 禁止本机访问宿主机服务器:丢弃目标为 192.168.1.0/24、目的端口为 61880 的 TCP 数据包;
sudo iptables -A OUTPUT -p tcp -d 192.168.1.0/24 --dport 61880 -j DROP;
验证规则效果:重复第①步,记录命令结果。
⑬ 禁止本机访问本地服务器:丢弃目标为 192.168.88.0/24、目的端口为 61880 的 TCP 数据包;
sudo iptables -A OUTPUT -p tcp -d 192.168.88.0/24 --dport 61880 -j DROP;
验证规则效果:重复第①步,记录命令结果。
(3) 连接追踪防火墙。
① 初始化防火墙规则集:

sudo iptables -P INPUT ACCEPT	恢复 INPUT 链缺省策略(接受)
sudo iptables -F	清除现有 filter 规则
sudo iptables -X	清除全部 filter 用户链
sudo iptables -t nat -F	清除全部 nat 规则
sudo iptables -t nat -X	清除全部 nat 用户链
sudo iptables -xvnL	查看 filter 表规则链
sudo iptables -t nat -xvnL	查看 nat 表规则链

② 检查初始网络环境。在实验主机上：
ftp 192.168.1.3;get hostfile;
记录命令结果。
③ 设置 INPUT 链缺省策略：设置 INPUT 链缺省策略（丢弃）；
sudo iptables -P INPUT DROP;
验证规则效果：重复第②步，记录命令结果。
④ 允许访问宿主机 21 端口：允许来自宿主机地址、源端口为 21 的数据包；
sudo iptables -A INPUT -p tcp -s 192.168.1.3 --sport 21 -j ACCEPT;
验证规则效果：重复第②步，记录命令结果。
⑤ 允许访问宿主机 20 端口：允许来自宿主机地址、源端口为 20 的数据包；
sudo iptables -A INPUT -p tcp -s 192.168.1.3 --sport 20 -j ACCEPT;
验证规则效果：重复第②步，记录命令结果。
⑥ 重新建立状态规则：

sudo iptables -L -n --line-number   列出缺省 filter 表中的所有链及规则
sudo iptables -D INPUT 1   删除第 5 步中建立的规则
sudo iptables -D INPUT 1   删除第 6 步中建立的规则
sudo iptables -A INPUT -m state --state NEW -j DROP   禁止其他机器向本机发送任何连接请求

验证规则效果：重复第②步，记录命令结果。
⑦ 允许连接状态数据包：允许所有已建立连接的数据包；
sudo iptables -A INPUT -m state --state ESTABLISHED -j ACCEPT;
验证规则效果：重复第②步，记录命令结果。
⑧ 允许相关状态数据包：允许所有与已建立连接相关的数据包；
sudo iptables -A INPUT -m state --state RELATED -j ACCEPT;
验证规则效果：重复第②步，记录命令结果。

8. 实验思考

（1）包过滤防火墙实验中第 5 步验证结果与第 13 步验证结果是否相同？若相同，原因是否也相同？

（2）包过滤防火墙实验第 12 步中，规则是否可以改写为：sudo iptables -A INPUT -p tcp -s 192.168.1.0/24 --sport 61880 -j DROP？若可以，两者原理是否相同？

（3）缺省策略对规则的制定有何影响？制定缺省策略时应考虑哪些因素？

（4）写出在服务器端进行简单包过滤和状态检测包过滤的 IPTABLES 配置指令。

（5）状态防火墙实验中第 3、4、5 步验证结果分别与第 6、7、8 步验证结果是否相同？若相同，原因是否也相同？

实验 5　IPTABLES 防火墙

实验过程记录

结果分析及总结

实验 6

SNORT 入侵检测系统

1. 实验目标

- 理解 SNORT 入侵检测系统的工作原理、安全特性和性能指标。
- 掌握 Windows 环境下 SNORT 入侵检测系统的安装和配置方法。
- 掌握 SNORT 入侵检测系统使用、管理和维护方法。

2. 实验环境

(1) 硬件环境。
- 处理器：最低 Intel 奔腾Ⅲ 500MHz，推荐 Intel 酷睿 1.8GHz 或以上。
- 内存：至少 256MB 内存，推荐 512MB 或以上。
- 硬盘：至少 100MB 可用磁盘空间，推荐 1GB 或以上。
- 网络：两台虚拟机处于同一局域网段，通过虚拟网络相互连接。

(2) 软件环境。
- 操作系统：Microsoft Windows 2000 Professional with SP4。
- 应用软件：
  Snort_2_8_4_1_Installer。
  snortrules-snapshot-CURRENT.tar。
  WinPcap V.4.1.B4。
  mysql-cluster-gpl-7.0.5-win32。
  apache_2.2.11-win32-x86-no_ssl。
  php-5.2.9-2-win32-installer。
  base-1.4.2.tar。
  adodb508a。

3. 实验要求

- 在实验主机上安装 SNORT 入侵检测系统并验证安装过程是否正确。
- 在验证主机发起对实验主机的全面扫描，观察实验主机的检测结果。
- 分析 SNORT 入侵检测系统的汇总检测结果，并与扫描任务进行比对。

4. 实验原理

SNORT 是 Marty Roesch 在 1998 年用 C 语言开发的遵循 GPL 授权规范的开放源码轻量级入侵检测系统（intrusion detection system，IDS）。SNORT 除了为用户提供官方检测规则集之外，允许用户使用规则语言定义并使用自己的规则集，甚至可以将自定义规则集反馈给官方网站建议使用。SNORT 采用模块化系统架构：SNORT 软件仅仅提供基本的入侵检测功能，用户在安装好 SNORT 软件后还需要安装网络抓包、数据库管理、网络服务器和函数库等软件以方便用户使用。SNORT 入侵检测系统的功能框架结构如图 6-1 所示。

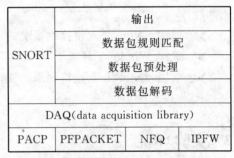

图 6-1 SNORT 系统功能框架结构

SNORT 有三种工作模式：嗅探器、数据包记录器、网络入侵检测系统。嗅探器模式仅仅是从网络上读取数据包并作为连续不断的流显示在终端上。数据包记录器模式把数据包记录到硬盘上。网络入侵检测模式是最复杂的，可配置 SNORT 分析网络数据流以匹配用户定义的一些规则，并根据检测结果采取一定的动作。网络入侵检测模式下的 SNORT 工作原理如图 6-2 所示。

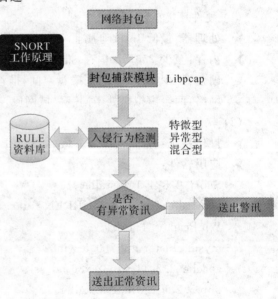

图 6-2 SNORT 入侵检测工作原理

实验 6 SNORT 入侵检测系统

5. 考核要点

➢ SNORT 入侵检测系统的安装、配置和验证。
➢ SNORT 入侵检测系统对网络入侵行为的检测过程和结果分析。

6. 注意事项

➢ 在修改文件时要严格匹配,建议使用查找、复制、粘贴,避免输入错误。
➢ 实验主机和验证主机的 IP 地址应使用实际地址,不能照搬插图输入。
➢ 该实验步骤较多,建议逐步进行、逐步检查,在确认无误后再进行下一步。

7. 实验步骤

(1) SNORT 入侵检测系统。
① 安装 SNORT,在安装选项中选择第一项"不准备连接到数据库或准备连接到上述数据库",如图 6-3 所示;设定安装目录为 C:\Snort。

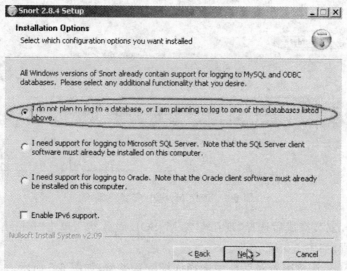

图 6-3 选择 SNORT 安装选项

② 配置 SNORT 规则集:将规则集文件 snortrules-snapshot-CURRENT.tar 解压至安装目录 C:\Snort,然后修改 C:\Snort\etc\snort.conf,寻找并修改设定的属性:

原:varRULE_PATH../rules 修改为:varRULE_PATH C:\Snort\rules

原:dynamicengine/usr/local/lib/snort_dynamicengine/libsf_engi ne.so 修改为:dynamicengine C:\Snort\lib\snort_dynamicengine\sf_engine.dll

原:include classification.config 修改为:include C:\Snort\etc\cl assification.config

原:# output database：log, mysql, user=root password=test dbname= db host=localhost 将#注解符号删除,修改为:output database：log, m ysql, user=snort password=使用者自定密码 dbname=snort host=loca lhost

下列五行请在各行首新增#注释符号：
dynamicpreprocessorfile/usr/local/lib/snort_dynamicpreprocessor/libsf_dcerpc_preproc.so
dynamicpreprocessorfile/usr/local/lib/snort_dynamicpreprocessor/libsf_dns_preproc.so
dynamicpreprocessorfile/usr/local/lib/snort_dynamicpreprocessor/libsf_ftptelnet_preproc.so
dynamicpreprocessorfile/usr/local/lib/snort_dynamicpreprocessor/libsf_smtp_preproc.so
dynamicpreprocessorfile/usr/local/lib/snort_dynamicpreprocessor/libsf_ssh_preproc.so

并新增:dynamicpreprocessordirectory C:\Snort\lib\snort_dynamic preprocessor

③ 安装 WinPcap,选择默认设置即可。

④ 安装 MySQL,在安装类型中选择完全安装,如图 6-4 所示。

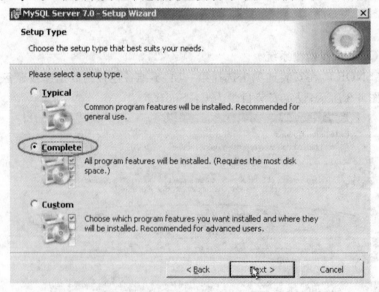

图 6-4　选择 MySQL 安装类型

⑤ MySQL 安装完成后选择"现在配置 MySQL 服务器",单击"Finish"开始 MySQL 服务器配置过程,如图 6-5 所示。

⑥ 在 MySQL 实例配置对话框中选择详细配置类型,如图 6-6 所示。

⑦ 在服务器类型配置对话框中选择服务器机器类型,如图 6-7 所示。

⑧ 在数据库配置对话框中选择仅非交易型数据库,如图 6-8 所示。

实验 6　SNORT 入侵检测系统

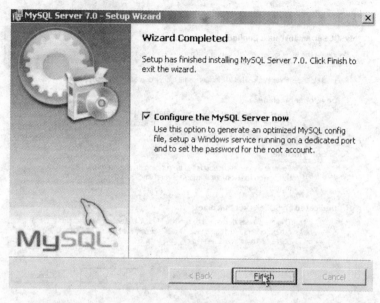

图 6-5　开始服务器配置

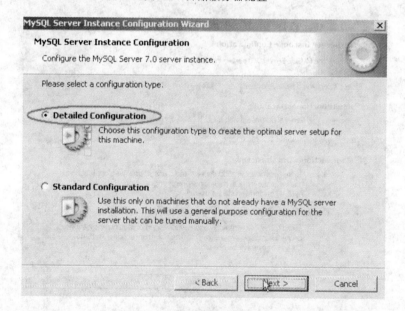

图 6-6　选择 MySQL 配置类型

⑨ 在并发连接数配置对话框中选择决策支持/OLAP，如图 6-9 所示。

⑩ 在网络选项配置对话框中选择允许 TCP/IP 网络和使用严格模式，如图 6-10 所示。

⑪ 在缺省字符集配置对话框中选择支持多语言，如图 6-11 所示。

⑫ 在 Windows 配置对话框中选择"安装为服务"和"将可执行文件目录加入 Windows 路径变量"，如图 6-12 所示。

⑬ 在数据库安全配置对话框中输入根用户密码，如图 6-13 所示；点击下一步结束数

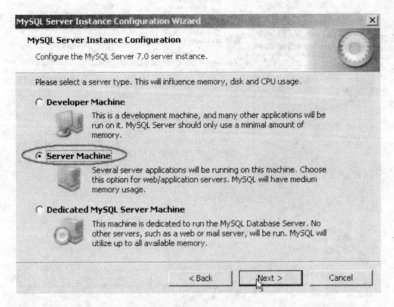

图 6-7　选择服务器类型

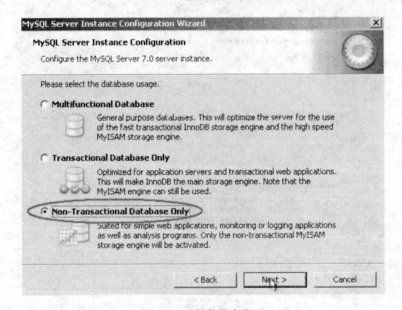

图 6-8　选择数据库类型

据库配置过程，如图 6-14 所示。

⑭ 检查并设定 MySQL 服务为自动启动，然后设定数据库、新建 SNORT 数据库并设置相应权限，如图 6-15 所示。

⑮ 安装 Apache 服务器，并设 Apache 的该服务为自动启动；安装 PHP 软件，在网页服务器选项中选择"Apache 2.2.x Module"，并在安装过程中指定 Apache 配置目录"C:\Program Files\Apache Software Foundation\ Apache2.2\conf\"，同时安装 MySQL 函数库和 Extra 额外模组，如图 6-16 所示。

实验 6 SNORT 入侵检测系统

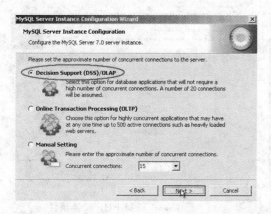

图 6-9 选择并发连接类型

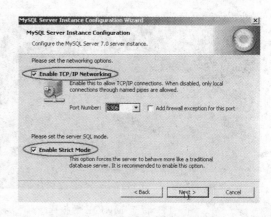

图 6-10 选择网络和数据库模式

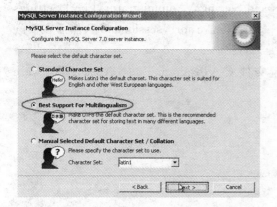

图 6-11 选择缺省字符集

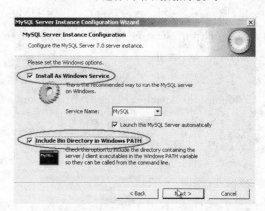

图 6-12 选择 Windows 配置选项

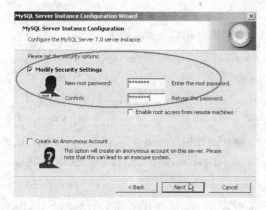

图 6-13 设置根用户密码

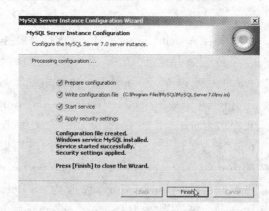

图 6-14 数据库配置结束

⑯ 设定并测试 PHP 软件：将 PHP 目录的函数库 DLL 文件 C:\Program Files\PHP\libmysql.dll 复制到 C:\WINDOWS\system32；在 C:\Program Files\Apache Software Foundation\Apache2.2\htdocs 目录下新建内容为"<? php phpinfp(); ? >"的 index.php 文件；重启 Apache，测试 PHP 是否安装成功；在文件 C:\Program Files\PHP\php.ini 中查找并修改下列属性：原：max_execution_time＝30 修改为：max_execution_time＝

图 6-15 设置 MySQL 数据库

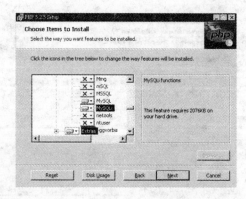
图 6-16 选择 PHP 安装组件

60，原：session.save_path=C:\DOCUMents and Settings\Administrator\Local Settings\Temp\php\session 修改为：session.save_path="C:\Snort\sessiondata"；然后在 C:\Snort 下为 BASE 新建 sessiondata 目录。

⑰ 设定并检查 Apache 状态：修改配置文件 C:\Program Files\Apache Software Foundation\Apache2.2\conf\httpd.conf，原：

<IfModuledir_module>

DirectoryIndex index.html

</IfModule>

修改为：

<IfModuledir_module>

DirectoryIndex index.html index.php index.htm

</IfModule>

开启 Apache Service Monitor 检查服务状态，重新启动 Apache 服务。

⑱ 安装并设定 BASE 和 Adodb 套件：将 adodb508a.zip 解压至 C:\Program Files\Apache Software Foundation\Apache2.2\adodb5 目录；将 base-1.4.2.tar 解压至 C:\Program Files\Apache Software Foundation\Apache2.2\htdocs 目录，将目录 base-1.4.2 重命名为 base，并将 base 目录中的文件 BASE_conf.php.dist 重命名为 BASE_conf.php；修改文件 BASE_conf.php 中的下列属性：原：$DBlib_path=""；修改为：$DBlib_path="C:\Program Files\Apache Software Foundation\Apache2.2\adodb5"；原：$alert_dbname="snort_log"；修改为：$alert_dbname="snort"；原：$alert_password="mypassword"；修改为：$alert_password="之前设定的 snort 使用者密码"；新增 $BASE_urlpath="/base"；在命令行窗口执行以下命令：

- cd "C:\Program Files\PHP"
- go-pear.bat install-alldeps Image_Color Numbers_Roman pear install-alldeps channel://pear.php.net/Image_Canvas-0.3.1
- pear install-all deps channel://pear.php.net/Image_Graph-0.7.2

双击 C:\Program Files\PHP 目录的 PEAR_NEW 文件，导入相关注册表项。

⑲ 键入 snort-c C:\Snort\etc\snort.conf-l C:\Snort\log-K ascii-i2 Running in IDS mode 检查 SNORT 安装是否正常,如图 6-17 所示;然后键入命令 snort /SERVICE /INSTALL-c C:\Snort\etc\snort.conf-l C:\Snort\log-K ascii-i2 将 SNORT 安装为 Windows 系统服务,如图 6-18 所示,并将 SNORT 服务设为自动启动。

图 6-17　验证 SNORT 安装结果　　　　图 6-18　设置 SNORT 为系统服务

(2) 检测网络入侵行为。

① 在实验主机上打开浏览器,输入以下 URL 地址:http://localhost/base/base_main.php,随后点击"Setup page"开始 BASE 配置,如图 6-19 所示。

② 在随后的数据库设置页面中选择"Create BASE AG",如图 6-20 所示。

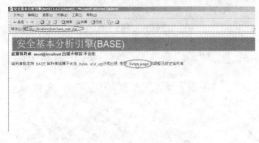

图 6-19　开始 BASE 配置　　　　图 6-20　开始数据库配置

③ 数据库配置完成,如图 6-21 所示;然后点击"Main page"开始入侵检测过程,如图 6-22 所示。

④ 启动验证主机,运行扫描软件 Fluxay,选择"探测"→"高级探测扫描",填入实验主机的 IP 地址并勾选所有扫描选项,点击"确定"开始对实验主机进行扫描,如图 6-23 所示。

⑤ 在实验主机的 SNORT 入侵检测页面中查看对于扫描行为的入侵检测过程和各项数据统计结果,如图 6-24 所示。

⑥ 对比 SNORT 入侵检测结果和 Fluxay 扫描任务,据此估算该 SNORT 入侵检测系统的误报率和漏报率,并分析其原因。

图 6-21　数据库配置完成

图 6-22　入侵检测主页面

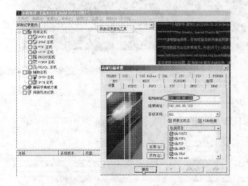

图 6-23　配置扫描任务

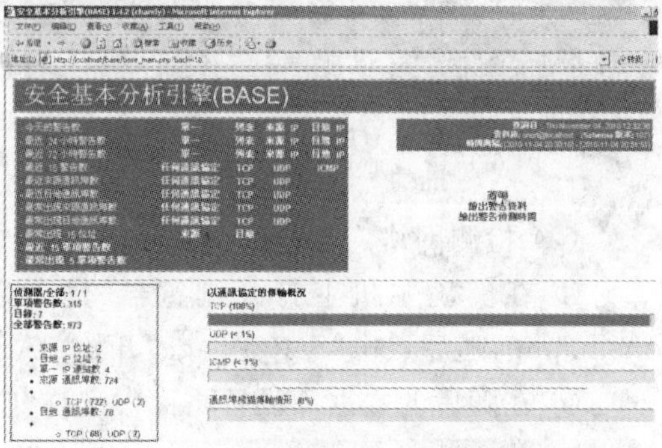

图 6-24　入侵检测结果

8. 实验思考

（1）入侵检测技术分为两大类：异常检测和误用检测，SNORT 软件使用的是哪类技术？为什么？

（2）实验中部署的 SNORT 入侵检测系统检测性能容易受哪些因素的影响？试列举几项。

（3）试分析入侵检测系统和防火墙系统在部署位置上的先后差异对于入侵检测系统性能的影响。

实验 6 SNORT 入侵检测系统

实验过程记录

结果分析及总结

实验 7

恶意程序及代码清除

1. 实验目标

- 理解三线程恶意鼠标程序的工作原理,掌握类似软件的清除方法。
- 理解简单的 COM 文件结构,熟悉头寄生等三种恶意代码寄生方法。
- 采用尾寄生方法修改 MORE.COM 程序,使其表现出类似于病毒的非正常运行结果,随后予以清除。

2. 实验环境

(1) 硬件环境。
- 处理器:最低 Intel 奔腾Ⅲ 500MHz,推荐 Intel 酷睿 1.8GHz 或以上。
- 内存:至少 256MB 内存,推荐 512MB 或以上。
- 硬盘:至少 100MB 可用磁盘空间,推荐 1GB 或以上。

(2) 软件环境。
- 操作系统:Microsoft Windows 2000 Professional with SP4。
- 操作系统:Microsoft Windows 98。
- 应用软件:PowerRMV、T-Mouse、debug.com(系统自带无需安装)。

3. 实验要求

- 至少掌握一种以上的三线程恶意鼠标软件 T-Mouse 的清除方法。

➢ 修改 MORE.COM 程序，显示特定字符串并循环读取 ESC 按键，然后再执行正常程序流程。

➢ 清除 MORE.COM 程序中的恶意代码，使其恢复到修改之前的状态，并验证是否清除成功。

4. 实验原理

（1）三线程软件工作原理。

大多数病毒只有一个进程或线程，当该进程或线程被杀死后病毒即告失效，因此易于查杀、存活率不高。三线程类软件则因为其独特结构使得该类恶意软件无法被传统的内存杀毒软件成功查杀。

顾名思义，三线程软件由三个线程构成：一个病毒主体、两个监视器，三者之间相互监护、相互重生。其中一个监视器（主体监视器）被注入到其他正常进程中，并在远程启动后时刻监视并保护病毒主体的运行：如果病毒主体被杀死，主体监视器即刻重生病毒主体并恢复其运行。为了防止用户通过重启计算机的方式清除运行的恶意软件，软件在注册表中建立了其主程序的自启动项，同时通过另一个监视器（注册表监视器）监护该自启动注册表项：如果该表项被删除，注册表监视器即刻在注册表中重生该表项，保证无法通过重启方式影响病毒运行。病毒主体除负责软件主体功能之外，还要监护主体监视器和注册表监视器，确保其中任何一个被杀死后即可重建并运行。这种环环相扣的互保结构如图7-1 所示。

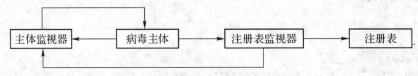

图 7-1　三线程程序线程监护结构

T-Mouse 恶意鼠标软件即为一种具备上述特征的三线程程序，其病毒主体的主要功能是影响鼠标定位和点击，使用户无法正常使用鼠标功能。

（2）COM 文件结构。

COM 文件具有一种结构最简单的单段可执行文件结构，其总大小（代码＋数据）严格限制在 64KB 以内，执行时被完整地装入一个内存块中（称为段），因此各段寄存器内容均相同。由于操作系统需要为装入的 COM 文件建立 256 字节的程序段前缀 PSP 和 256 字节的起始堆栈，因此 COM 文件的实际长度不能超过 $64\times1024-512=65024$ 字节，否则加载失败无法执行。程序段前缀 PSP 的大小为 100H，COM 文件代码直接被装入 PSP 之后的空间，因此 COM 文件的第一条指令地址为 100H。COM 文件结构如图 7-2 所示。

（3）恶意代码的寄生方式

按照恶意代码在宿主程序中的位置，常见寄生方式可分为三种：头寄生、尾寄生和插

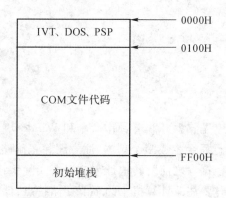

图 7-2 COM 文件结构

入寄生。头寄生是指恶意代码寄生在宿主程序的前端,原位置的部分代码被转移至程序尾部,并通过在恶意代码段尾部安排跳转指令,在执行完恶意代码段后转到正常代码段执行。尾寄生是指恶意代码寄生在宿主程序的末端,通过修改 100H 地址的第一条指令跳转到尾部首先执行恶意代码部分,随后再恢复 100H 地址的原指令执行正常程序代码。插入寄生是指恶意代码寄生在宿主程序中间位置,同样通过跳转指令实现恶意代码和正常代码的接续执行。恶意代码在 COM 文件中的三种寄生方式如图 7-3 所示。

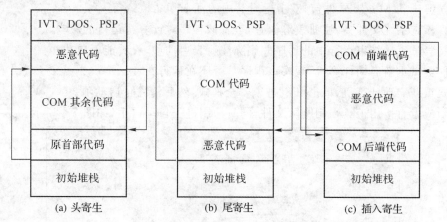

图 7-3 恶意代码的三种寄生方式

5. 考核要点

- 对三线程程序原理的理解和相应清除方法的掌握。
- 对 COM 文件寄生方式的理解及恶意代码的插入和清除方法的掌握。

6. 注意事项

> 在实验开始之前应先熟悉 debug 操作命令和 Windows 系统键盘操作。
> T-Mouse 软件运行后会生成多个副本,注意删除正确路径的文件副本。
> 插入恶意代码时字符串之前跳转地址需要根据实际字符串长度计算。
> 在修改指令内容时要注意计算机中的字节存储特点:低字节在前。
> 插入或清除恶意代码的最后要留意计算并修改文件的正确长度。

7. 实验步骤

(1) 清除运行中的 T-Mouse 软件。
① 解压 T-Mouse 软件包,双击运行其中的 T-Mouse.exe 程序。
② 检查系统文件夹、注册表等位置,查看该程序对计算机运行的影响。
③ 尝试直接结束运行中的程序并删除注册表启动项,看看能否成功?
④ 尝试重新启动计算机,观察该程序是否还在运行?
⑤ 重新启动计算机,单击"F8"进入安全模式,然后清除自启动项。
⑥ 或者直接用工具强制删除文件,同时抑制进程自动再生,如图 7-4 所示。

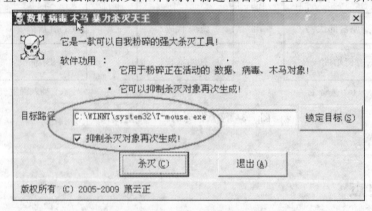

图 7-4 用软件工具强制删除恶意程序

⑦ 根据第②步的观察结果完全清除 T-Mouse 软件对系统的更改。
(2) 恶意代码的插入。
① 启动虚拟机软件,在 CD-ROM 设备属性中选择"使用 ISO 映像",并选择映像文件 Win98 BootCD.ISO 以挂载 Windows 98 命令行环境,如图 7-5 所示。
② 启动虚拟机,在 BIOS 界面单击"ESC"键以选择启动设备,如图 7-6 所示。

实验 7　恶意程序及代码清除

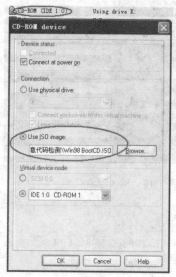

图 7-5　挂载映像文件

图 7-6　进入启动菜单

③ 在启动菜单选择"CD-ROM Device",从光盘启动虚拟机,如图 7-7 所示。

④ 在 Windows 98 启动菜单选择"Start computer with CD-ROM support",以便可以访问光盘内容,如图 7-8 所示。

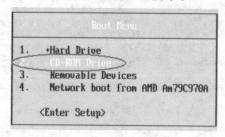

图 7-7　选择从光盘启动

图 7-8　选择支持光驱启动

⑤ 从光盘上拷贝 MORE.COM 到内存虚拟磁盘以便修改,例如 D 盘。

⑥ 运行 debug 软件对 MORE.COM 程序进行修改:先对程序进行反汇编以查看第一条指令内容,然后查看各寄存器值及程序长度,如图 7-9 所示。

⑦ 从程序末尾位置开始编写代码:先调用 21 号中断显示特定感染信息字符串,然后调用 16 号中断循环判断读取"ESC"按键;当读到"ESC"按键后再恢复程序 100H 处的原入口指令并将相应寄存器压入堆栈;完成后修改程序的入口指令,将其修改为跳转到恶意代码的跳转指令;最后修改程序长度并保存退出即可,如图 7-10 所示。

⑧ 运行修改后的 MORE.COM,首先显示"INFECTED PROGRAM!",然后循环等待读取"ESC"键,最后执行正常程序代码,如图 7-11 所示。

(3) 恶意代码的清除。

依据上述恶意代码的插入过程可以很容易地进行清除。再次运行 debug 软件对 MORE.COM 程序进行修改,先恢复原程序的入口指令,再修改程序的长度为原实际长

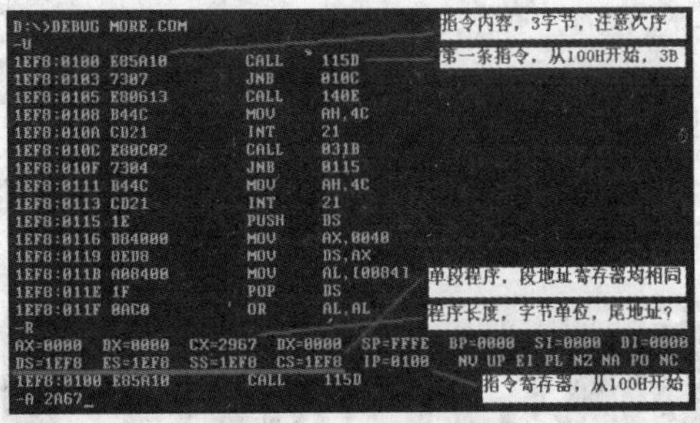

图 7-9 查看入口指令及寄存器

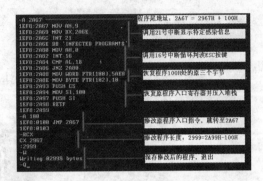

图 7-10 插入恶意代码

度,最后存盘退出即可,如图 7-12 所示。

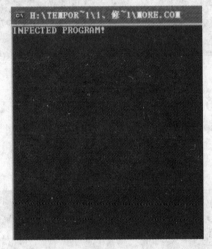

图 7-11 修改后的运行结果

```
C:\>DEBUG MORE.COM
-A 100
1EF8:0100 CALL 115D
1EF8:0103
-RCX
CX 2999
:2967
-W
Writting 2967 bytes
-Q
C:\>
```

图 7-12 清除恶意代码

8. 实验思考

(1) 检查系统,查看运行"T-Mouse"程序后系统发生了何种变化(包括文件操作、注册表修改等)?
(2) 试根据相关实验原理考虑如何进行恶意代码的头寄生和插入寄生?
(3) 试考虑如何实现病毒传播(给出大致思路即可,不要求编写汇编代码)。

实验过程记录

结果分析及总结

网络管理实验

实验 8

网络设备 SNMP 代理的配置

1. 实验目标

- ➢ 认识各种网络设备,了解实验室网络拓扑,熟悉锐捷实验平台。
- ➢ 掌握路由器和交换机的基本配置命令和 SNMP 配置命令。
- ➢ 熟悉使用 AdventNet MIB Browser。

2. 实验环境

(1) 硬件环境。
- ➢ PC 机一台,锐捷路由器一台(R2692 或 R1762),锐捷交换机一台。

(2) 软件环境。
- ➢ 应用软件:AdventNet 网管软件。

3. 实验原理

路由器和交换机都是典型的网络设备,一般的路由器和交换机均具备 SNMP 网管功能。在正确配置并开启路由器和交换机的 SNMP 网管功能以后,网管者就可以通过网络方便地管理网络设备。本实验将配置并开启锐捷路由器(R2692 或 R1762)和交换机的 SNMP 服务,然后利用 AdventNet 管理软件,通过 SNMP 协议来访问路由器和交换机的 MIB 信息。

4. 实验拓扑

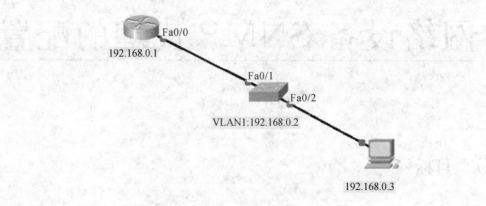

图 8-1 实验拓扑

5. 实验步骤

(1) 观察各种网络设备：交换机、路由器、防火墙；熟悉实验室网络拓扑。
(2) 配置路由器的网管接口。
① 设置 PC 的 IP。
本地连接：192.168.0.3   255.255.255.0
本地连接 2：10.20.3.58(第 5 组 8 号)   255.255.255.0
② 登录设备。实验室的 RCMS 配置了 Web 服务，订制了一个网页以方便访问各个设备。以第五组学生为例，如图 8.2 所示，打开浏览器，地址栏中输入 http://10.20.3.5：8080 即可访问第五组的终端访问服务器，单击网页中一个设备，就会弹出 Telnet 窗口，登录到相应的设备中。注意，学生机虽然是通过 Telnet 登录终端访问服务器的，但终端访问服务器是通过 Console 访问设备的，所以总的来讲，相当于学生机通过 Console 口访问设备。
③ 配置路由器的网管接口。进入特权模式，再进入配置模式，设置路由器网管接口的 IP 地址和子网掩码。

```
R1762_1> enable        //注意，若是二层交换机，则 enable 14，然后输入密码 start
R1762_1# configure terminal    //进入特权模式
R1762_1<config># interface fastethernet 0/0    //进入接口配置模式
R1762_1<config-if># ip address 192.168.0.1 255.255.255.0
//配置路由器网管接口的 IP 地址和子网掩码
```

实验 8　网络设备 SNMP 代理的配置

图 8-2　学生机通过 Console 口访问设备

R1762_1<config-if># no shutdown　　//开启该接口
R1762_1<config-if># exit　　//退出接口配置模式,返回配置模式
R1762_1<config># show running-config　　//显示当前配置,验证 IP 地址被正确配置

④验证连通性。用 ping 测试 PC(192.168.0.3)和设备(192.168.0.1)的连通性。保证 PC 与设备连通。

(3)开启路由器的 SNMP 服务,用 AdeventNet 查询路由器的管理信息。

①开启路由器的 SNMP 服务,并设置 community。

R1762_1<config># snmp-server community public

②安装 AdventNet。安装 j2sdk;安装 AdventNetAgentToolkitCEditor;注册授权文件。

③用 MIB Browser 查询路由器的 MIB 信息。

打开 AdventNet MIB Bowser。装载 MIBII,即 RFC1213-MIB。设置 SNMP 代理参数,包括:

Host:路由器网管接口 IP:192.168.0.1
Port:161
Community:public
Write Community:public

用 SNMP Get 查询 MIB 叶节点。若返回节点信息值,则表明路由器的 SNMP 代理工作正常。我们现在可以通过网管接口用 SNMP 来管理该路由器了。

(4)交换机的 SNMP 配置。同理配置交换机的管理地址,验证连通性,并开启交换机的 SNMP 服务,用 MIB 浏览器查询 MIB 信息。

①配置交换机的管理地址。

S3760_1<config># interface vlan 1
S3760_1<config-if># ip address 192.168.0.2 255.255.255.0
S3760_1<config-if># no shutdown

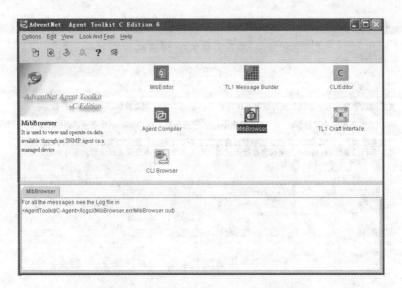

图 8-3　Adventnet Mib Browser 界面

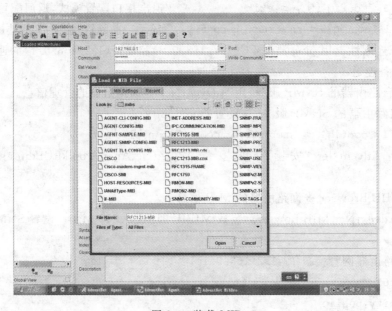

图 8-4　装载 MIB

②验证连通性(略)。
③开启交换机的 SNMP 代理。
S3760_1<config># snmp-server community public
④用 AdventNet 的 MIB 浏览器查询 MIB 信息(略)。

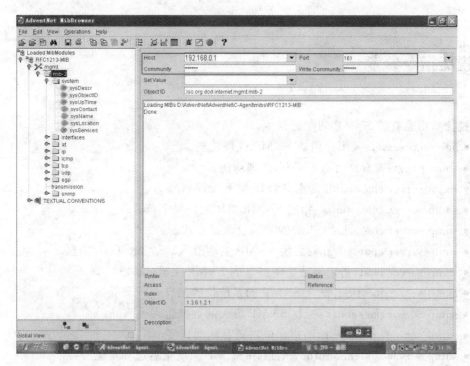

图 8-5　配置 SNMP 代理参数

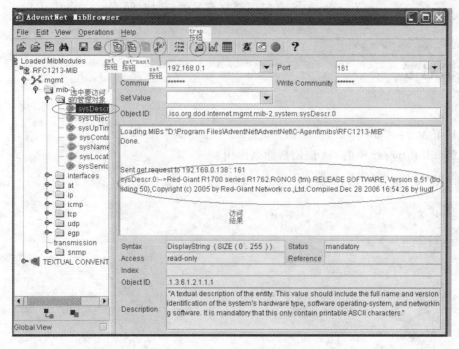

图 8-6　SNMP 查询操作

8. 锐捷指令参考

锐捷路由器有关 SNMP 的配置指令。
- no snmp-server：关闭路由器 SNMP 代理功能。
- show snmp：查看路由器 SNMP 代理功能。
- snmp-server chassis-id：指定 SNMP 的系统序列号。
- snmp-server community：指定 SNMP 团体的访问字符。
- snmp-server contact：指定 SNMP 系统联系方式。
- snmp-server enable traps：启用 SNMP 主动给 NMS 发送 Trap 消息。
- snmp-server host：指定发送陷阱消息的 SNMP 主机(NMS)。
- snmp-server location：设置 SNMP 的系统位置信息。
- snmp-server packetsize：控制 SNMP 最大的数据包大小。
- snmp-server queue-length：指定陷阱消息队列长度。
- snmp-server system-shutdown：启用 SNMP 系统重启通知功能。
- snmp-server trap-source：指定 SNMP 的源地址。
- snmp-server trap-timeout：定义陷阱消息重发的超时时间。

9. 实验思考

(1)可能导致"no such name"错误的原因可能有哪些？
(2)mib browser 中的 set 按钮是什么作用？
(3)mib browser 中取上来的值代表什么意思？

实验过程记录

结果分析及总结

实验 9

用 Getif 实现流量监测

1. 实验目标

- 掌握网管工具 Getif 的使用方法。
- 掌握利用 Getif 来查询或设置 MIB 信息。
- 掌握利用 Getif 来获得流量报告图形。

2. 实验环境

(1) 硬件环境。PC 机、路由器、交换机各一台。
(2) 软件环境。应用软件:Getif 网管软件。

3. 实验原理

网管软件非常丰富,从十分昂贵功能强大的商用网管软件,到支持二次开发的开源网管软件,再到功能相对简单但安装简便、使用方便的网管工具。该实验将带领大家熟悉一个典型的免费的网管工具软件:Getif。利用它来浏览 MIB,监视流量。

4. 实验拓扑

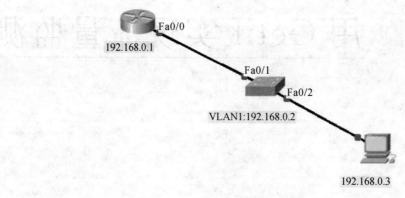

图 9-1 实验拓扑

5. 实验步骤

(1)搭建网络拓扑。如图 9-1 所示搭建网络拓扑,参考实验 8,正确配置交换机和路由器的管理地址,并打开交换机和路由器的 SNMP 代理。

(2)使用网管工具 Getif。

①下载安装 getif-2.3.1。http://netcom.zjgsu.edu.cn/~jinrong/getif-2.3.1.rar。解压,双击 SETUP.EXE 安装。

②配置 Parameters 选项卡。如图 9-2 所示填写相关参数。点击 Start,将显示被管设备的基本信息:

Host name 表示被管理的设备的 IP 地址(可以选交换机也可以选路由器);

Read community 表示被管设备的 SNMP read community;

Write community 表示被管设备的 SNMP write community。

③用 MIB Browser 选项卡查看相关 MIB 信息。

展开 MIB 树,选中 MIB-II 下的 interfaces 组下的 ifInOctets,点击 start 获取该 MIB 列对象各实例的信息。如图 9-3 所示。

选择各接口的 ifInOctets,点击 Add to graph,将它们加入画图中以便显示进入各接口的流量图。如图 9-4 所示。

④用 Graph 选项卡实现流量监控。单击 Start,获取各接口入口流量图。如图 9-5 所示。为了产生流量,可以轮换利用各种 ping 命令。

```
ping 192.168.0.1 -t      //持续 ping
```

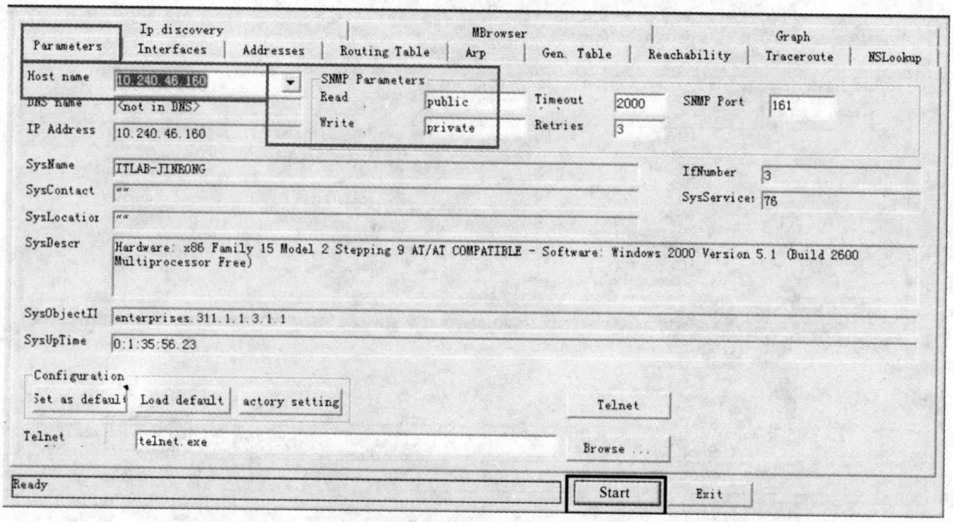

实验 9 用 Getif 实现流量监测

图 9-2 配置 Parameters 选项卡

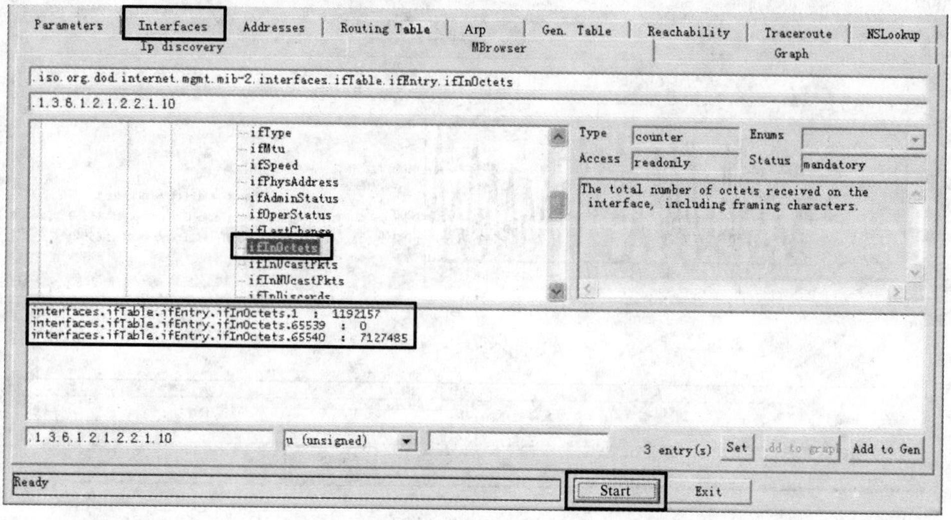

图 9-3 查询 MIB 信息

ping 192.168.0.1 -l 1024 -t   //持续 ping,并且每个 ping 包的大小为 1024 字节
⑤Getif 其他选项卡 。
自学 http://www.wtcs.org/snmp4tpc/getif.htm 文档,体验其他选项卡的作用。

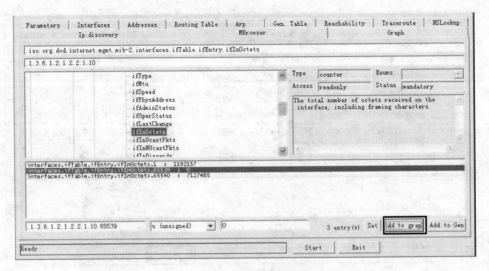

图 9-4 将指定 MIB 变量加入流量图

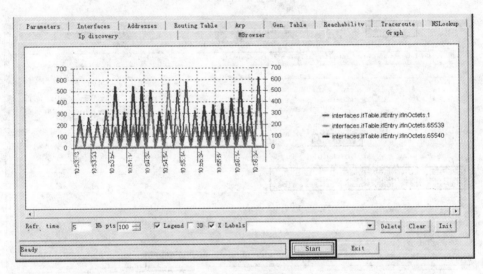

图 9-5 流量图

8. 实验思考

(1) 监测到的流量曲线为什么是锯齿状的波形？若要产生正常的流量波形，该怎么办？

(2) 路由器有许多接口，对应许多 ifInOctects 实例，如何知道到底哪个 ifInOctects 实例是要监视的接口 f 0/0 的入口流量呢？

(3) Getif 可以用来监测流量，但它并不是业界最流行的免费流量监测工具。上网搜索一下，目前最流行的是什么？下载 MRTG 安装体验一下，说说它比 Getif 优秀的地方。

实验过程记录

结果分析及总结

实验 10

监视通信线路

1. 实验目标

- 掌握 trap 原理。
- 掌握路由器或交换机 SNMP trap 的配置方法。
- 掌握使用 ethereal。
- 掌握用 AdventNet MibBrowser 的 TrapViewer 捕获 trap。
- 体会用网管软件监视通信线路。

2. 实验环境

(1) 硬件环境。
- PC 机 2 台、路由器或交换机 1 台。

(2) 软件环境。
- 应用软件:Ethereal 抓包软件;AdventNet 网管软件;trap.exe。

3. 实验原理

trap 是被管设备主动向管理者报告紧急事件的一种方式。可以通过监听 trap、分析 trap 来监视通信线路。本实验,首先在网络设备方配置好 SNMP trap,然后分别用 Ethereal、AdventNet MibBrowser 的 TrapViewer 和一个自己开发的网管软件,来捕获分析 trap,从而达到监视通信线路的目的。

物理通信线路的正常工作是一切网络活动的基础。无论多么先进的通信技术,也不能保证不出故障。大多数情况下,通信线路的中断是在不知不觉的情况下发生的,因此往往是网络应用受到影响,才发现线路出了问题。

通信线路的工作状态和网络接口的工作状态有着密切的联系。我们可以通过接收网络设备发送的 trap 来分析发生的事件,监视网络接口的工作状态,达到监视通信线路,及时了解线路工作状态的目的。

除非特殊情况,局域网线路很少出现问题,因此常常以监视广域网线路为主,当然,也可以监视某些重点交换机端口,如连接服务器的交换机端口。

4. 实验拓扑

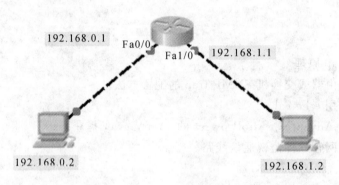

图 10-1 实验拓扑

注:若路由器不够,可选交换机。若 PC 不够,可以将 192.168.1.1 的接口连接到任意交换机。只要保证有链路即可。

5. 实验步骤

(1)搭建网络拓扑。

按图 10-1 所示搭建网络拓扑,正确连线。其中 192.168.0.2 作为管理者,路由器或者交换机作为被管设备,192.168.1.1 接口对应的链路为我们监视的链路。

R1762-1<config># interface f 0/0

R1762-1<config-if># ip address 192.168.0.1 255.255.255.0

R1762-1<config-if># no shutdown

R1762-1<config># interface f 1/0

R1762-1<config-if># ip address 192.168.1.1 255.255.255.0

实验 10　监视通信线路

R1762-1<config-if># no shutdown

（2）配置 IP 地址。如图 10-1 所示，正确配置 IP 地址，确保 192.168.0.2 能 ping 通 192.168.0.1。

（3）路由器或交换机的 SNMP trap 配置。

R1762-1<config># snmp-server community public ro

//配置只读 community

R1762-1<config># snmp-server community private rw

//配置读写 community

R1762-1<config># snmp-server enable traps snmp linkdown linkup

//开启 linkup 和 linkdown 的 trap

R1762-1<config># snmp-server host 192.168.0.2 public snmp

//指明 trap 发给谁

R1762-1<config># snmp-server trap-source fastethernet 0/0

//指明从哪个端口将 trap 发送出去

（4）产生 LinkUp 或 LinkDown 的 trap 事件。

登录路由器或交换机：

R1762-1<config># interface f 1/0

R1762-1<config-if># shutdown　　　　//产生 linkdown 事件

R1762-1<config-if># noshutdown　　　//产生 linkup 事件

也可以直接插拔路由器的 f 1/0，以产生 linkup 和 linkdown 事件。

（5）用 Ethereal 捕获 trap，并分析。

①安装 Ethereal。先装 WinPcap_3_0.exe，再装 Ethereal-setup-0.10.0.exe。

②配置 Ethereal。选择菜单"capture"→"OK"。如图 10-2 所示。

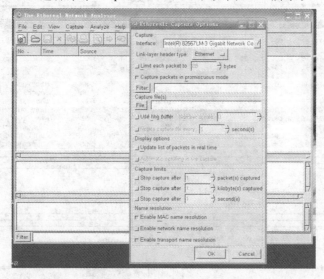

图 10-2　Ethereal 配置

注意选择正确的抓包接口。应该选 192.168.0.2 对应的网卡进行抓包。

在 Interface 中选择要抓包的网卡,把 display options 中的两项都选上。
单击"OK"开始抓包,如图 10-3 所示。

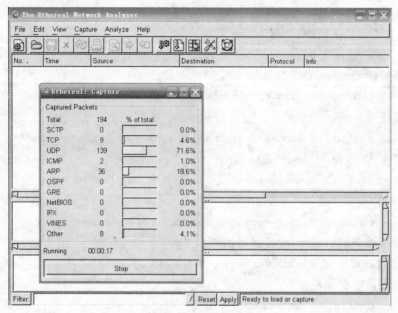

图 10-3　Ethereal 抓包

③抓包分析。产生 LinkUp 或 LinkDown 事件后,就能抓到相应的 trap 包。点击图 10-3 中的"Stop"停止抓包,在下面的 filter 中输入 snmp,表示只显示 SNMP 包,如图 10-4 所示。

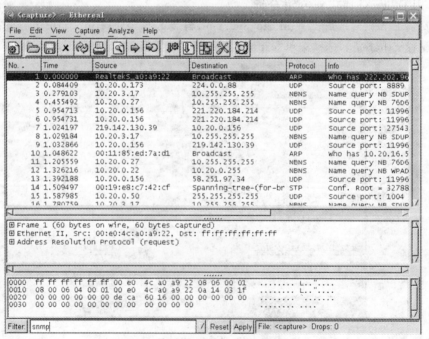

图 10-4　Ethereal 抓包分析

实验 10　监视通信线路

选中一个 SNMP trap 包,将包信息展开并截屏。记录捕获的 trap 携带的变量绑定表信息,并做出解释。

(6) 用 AdventNet MibBrowser 的 TrapViewer 捕获 trap,并分析。

① 打开 TrapViewer。

② 配置 TrapViewer。正确配置端口号和 community 以后,单击"Add",再单击"Start"开始接收 trap,如图 10-5 所示。

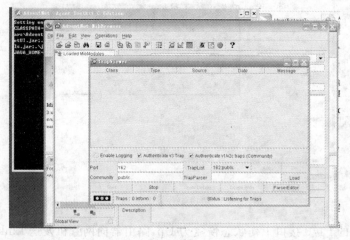

图 10-5　开始接收 trap

③ 捕获 trap,产生 LinkUp 或 LinkDown trap 事件,捕获 trap,截图,并解释一个 trap 的详细信息。

(7) 用 trap.exe 监视通信线路。

① 实验拓扑中,192.168.0.2 的 PC 机为网管机。trap.exe 完成初始配置后,如图 10-6 所示。这里选择了一台路由器作为被管设备,局域网接口地址为 192.168.0.1,选择监视路由器的 f1/0 接口。

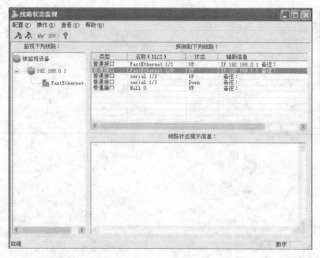

图 10-6　初始配置

②路由器的 f 1/0 接口工作状态变为 Down,路由器向网管机发送 LinkDown trap 后,网管机出现如图 10-7 所示告警窗口。

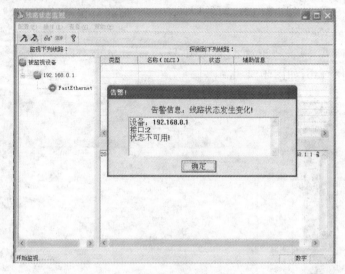

图 10-7　端口工作状态变为 Down

③路由器的 f 1/0 接口工作状态恢复为 Up,路由器向网管机发送 LinkUp trap 后,网管机出现如图 10-8 所示告警窗口。

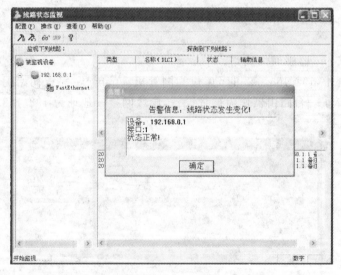

图 10-8　端口工作状态变为 Up

8. 实验思考

锐捷设备发送的 LinkUp 和 LinkDown trap,是否存在问题?

实验 10 监视通信线路

实验过程记录

结果分析及总结

实验 11

性能监测

1. 实验目标

- 了解性能相关 MIB。
- 体会性能监测。
- 掌握用各种网管工具或软件实现性能管理。

2. 实验环境

(1) 硬件环境。
- PC 机 1 台。

(2) 软件环境。
- 第三方软件:SNMP-informant,提供主机的性能相关 MIB。
- MIB 查看软件:Getif。
- 性能管理软件:rsh.exe,SolarWinds Orion Series。

3. 实验原理

网络设备的 CPU 利用率、可用内存等性能信息对网管而言十分重要,可以用 SNMP 协议采集设备的性能信息实施性能管理。

本实验中,PC 机既充当被管设备——服务器,同时又充当 SNMP 管理者。

要实现性能监测,首先被管设备要安装 SNMP 代理,其次该代理必须维护关于性能信息的 MIB,为此我们首先需要在被管服务器上安装 SNMP 代理,然后安装一个第三方软件 SNMP-informant 以支持相关性能 MIB,例如 CPU 利用率、系统可用内存等。

本实验先用 Getif 验证了被管设备确实支持相关性能 MIB,然后通过一个基于 SNMP++的软件 rsh.exe,以及一个免费的软件 SolarWinds Orion Series 来实施性能管理。

4. 实验步骤

(1)性能相关 MIB 分析。

SNMP-informant 自带了两个 MIB 文件:WICS.MIB 和 INFORMANT-STD.MIB。前者只定义了相关 OID 树分支中的辅助接点和部分文本约定。后者则定义了和硬件性能有关的具体被管理对象,如磁盘剩余空间、CPU 利用率和系统可用内存大小等。

和可用内存相关的 MIB 包括:

①memoryAvailableBytes,表示设备中可用物理内存大小,以 B 为单位,对应的实例 OID 是 1.3.6.1.4.1.9600.1.1.2.1.0。

②memoryAvailableKBytes,表示设备中可用物理内存大小,以 KB 为单位,对应的实例 OID 是 1.3.6.1.4.1.9600.1.1.2.2.0。

③memoryAvailableMBytes,表示设备中可用物理内存大小,以 MB 为单位,对应的实例 OID 是 1.3.6.1.4.1.9600.1.1.2.3.0。

和 CPU 资源有关的被管理对象被组织在表结构 processorTable 中。其中,反映 CPU 利用率的被管理对象是表的第 5 个列对象 cpuPercentRrocessorTime。系统中有几个 CPU,运行时就有几个实例产生,表的索引是 cpuInstance。

系统中只有一个 CPU 时,使用 MIB 浏览器遍历该表,得两行实例,实际的 CPU 对应第一行实例。列对象 cpuPercentRrocessorTime 的 OID 为 1.3.6.1.4.1.9600.1.1.5.1.5,则系统中第一个 CPU 利用率的 SNMP 变量的 OID 为 1.3.6.1.4.1.9600.1.1.5.1.5.1.48,即对应的列对象 OID 后附加了索引"1.48"得到。

(2)被管服务器安装 SNMP 代理。

首先查看服务器的本地服务,检查 SNMP 服务是否已经安装。如果没有安装,则按下列步骤进行安装。

①单击"开始"→"设置"→"控制面板"→"添加/删除程序"→"添加/删除 Windows 组件",勾选"管理和监视工具"项,再单击"详细信息"按钮,此时出现图 11-1 所示的界面。

②勾选"简单网络管理协议"项,单击"确定"按钮。注意,安装时系统可能会要求插入 Windows 2000 的系统盘。

安装 SNMP 后,默认的 community 是 public,可以修改为其他字符串,如图 11-2 所示。

在 Windows 2000 上安装了 SNMP 后,相当于安装了一个 SNMP 代理软件。启动

实验 11　性能监测

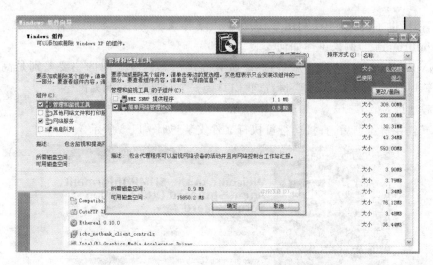

图 11-1　Windows 2000 操作系统启用 SNMP

图 11-2　修改 community

后,代理在主机上启动一个 SNMP 代理服务器进程,监听从 UDP 端口 161 接收的 SNMP 操作请求。但现在还不能使用 SNMP 获取系统的 CPU 利用率等参数,因为此时代理支持的 MIB-II 中没有定义相关的被管理对象,因此,还需要安装第三方支持软件。

(3) 被管服务器安装第三方软件 SNMP-informant。

SNMP 第三方软件实际上是一个 SNMP 子代理,系统中原来的代理称为 SNMP 主代理,主代理和子代理之间使用特有的协议通信。通过安装子代理,可以在系统中扩展主代理不支持的 MIB。例如一些大型的数据系统、有特殊用途的硬件板卡,往往通过 SNMP 子代理支持自己特有的被管理对象,提供 SNMP 网络管理功能。

SNMP4W2K 和 SNMP-informant 是两款 Windows 2000 系统下的 SNMP 子代理软

件,它们都提供了反映 CPU 利用率、内存使用率等系统硬件参数的被管理对象。这里以 SNMP-informant 为例来讲述如何安装。

SNMP informant 有两个版本:标准版和高级版。两者之间的主要差别是高级版提供的被管理对象更丰富,但需要付费,我们只要安装标准版就可以了。

下载地址:http://www.snmp-informant.com/

①下载并解压缩后,直接运行可执行文件安装,如图 11-3 所示。

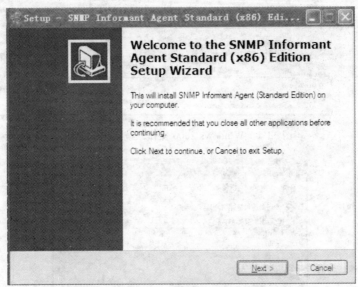

图 11-3　安装 SNMP-informant

②单击"Next"按钮,进入下一步,如图 11-4 所示。

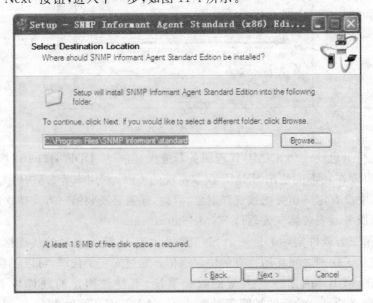

图 11-4　选择安装目录

实验 11　性能监测

③选择软件安装目录。如果使用缺省目录,直接单击"Next",进入下一步,如图 11-5 所示。

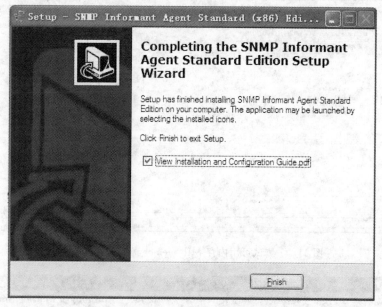

图 11-5　安装结束画面

④单击"Finish"按钮,完成安装。
(4)管理者安装 Getif 测试。
①测可用内存。
memoryAvailableBytes:1.3.6.1.4.1.9600.1.1.2.1.0,如图 11-6 所示。
memoryAvailableKBytes:1.3.6.1.4.1.9600.1.1.2.2.0,如图 11-7 所示。
memoryAvailableMBytes:1.3.6.1.4.1.9600.1.1.2.3.0,如图 11-8 所示。

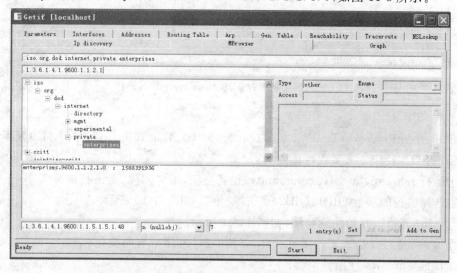

图 11-6　测试可用内存 MIB memoryAvailableBytes

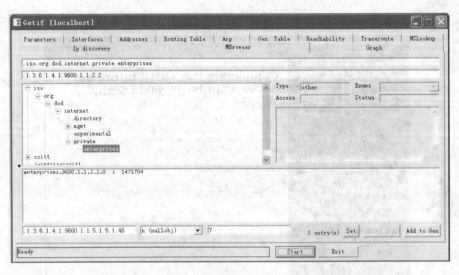

图 11-7　测试可用内存 MIB memoryAvailableKBytes

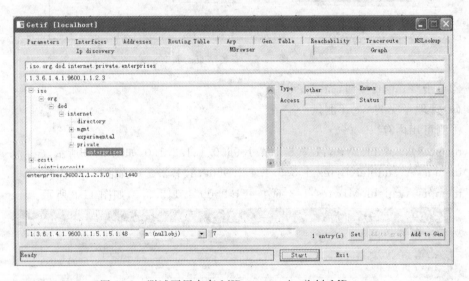

图 11-8　测试可用内存 MIB memoryAvailableMBytes

②测 CPU 利用率。

cpuPercentProcessorTime：1.3.6.1.4.1.9600.1.1.5.1.5.1.48，如图 11-9 所示。

(5)基于 SNMP++实现性能监测。

①运行 rsh.exe，填入 IP、community、设备类型、采样间隔、点击扫描。

②选择监视的参数 OID1、OID2，点击"确定"，如图 11-10 所示。

③点击"开始"，开始性能监测，如图 11-11 所示。

提示：可通过开启或暂停杀毒软件，以使 CPU 利用率有所变化。

(6)附：Windows 性能监测器。

打开"控制面板"→"管理工具"→"性能"，查看 Windows 性能监测器。

(7)使用 SolarWinds Orion Series。

实验 11 性能监测

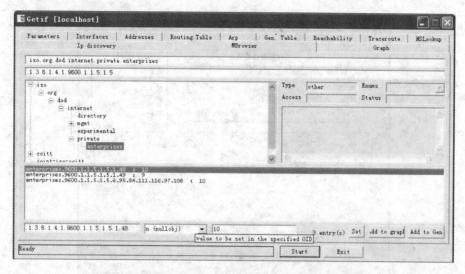

图 11-9　测试 CPU 利用率 MIB cpuPercentProcessorTime

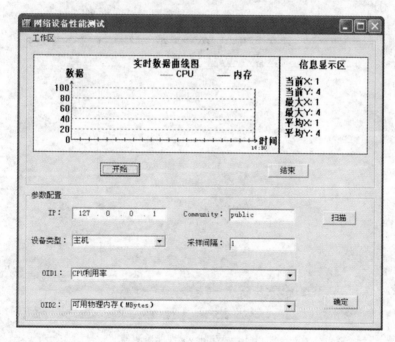

图 11-10　选择监视参数

自学，试用 SolarWinds Orion Series（网络性能监控器）v8.5 英文特别版。

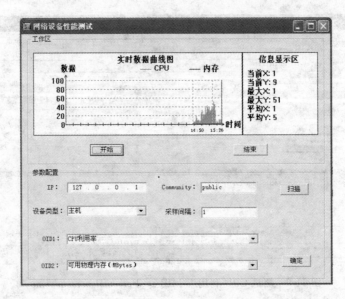

图 11-11 性能监测

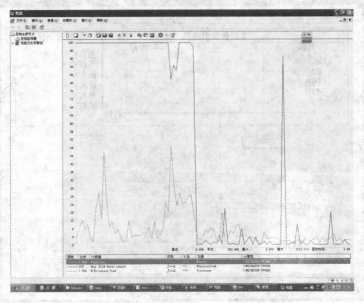

图 11-12 Windows 性能监测器

8. 实验思考

(1)试分析:已经有 Windows 性能查看器,为什么还要开发基于 SNMP 的性能管理软件?

(2)性能监视曲线为何只有一条?这与选择哪个可用内存 OID 有关吗?

实验过程记录

结果分析及总结

实验 12

用 StarView 实施网络管理

1. 实验目标

- 体验商用网管软件的综合网络管理功能。
- 体验自动拓扑发现。
- 体验事件管理器。
- 体验性能管理器。

2. 实验环境

(1) 硬件环境。
- PC 机 3 台、路由器 1 台、交换机 3 台。

(2) 软件环境。
- 应用软件：SQL 2000，StarView。

3. 实验原理

StarView 是锐捷公司的一款商用网管软件。

StarView 网络管理软件是一套基于 Windows 平台的高度集成、功能完善、实用性强、方便易用的全中文用户界面的网络管理软件。

StarView 管理软件可对以太网中的标准 IP 设备、SNMP 管理型设备进行管理，结合管理设备所支持的 Telnet 管理、Web 管理构成一个功能齐全的园区网、中小企业网管解决方案。StarView 运行在 Windows 系统平台之上,可以对整个网络上的网络设备进行集中式的配置、监视和控制;网络拓扑结构的自动检测,网段和端口的监视和控制,网络流量统计和错误统计,网络设备事件的收集和管理。通过对网络的监控,网络管理员可以重构网络结构,优化网络的可用性。

4. 实验拓扑

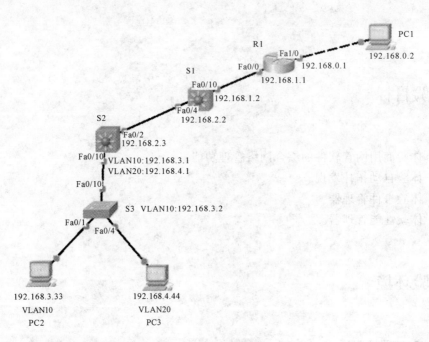

图 12-1 实验拓扑

5. 实验步骤

(1)搭建实验拓扑。

①接口 IP 地址及 VLAN 配置。

R1:

R1(config)# int f 1/0

R1(config-if)# ip address 192.168.0.1 255.255.255.0

R1(config-if)# no shutdown

R1(config-if)# exit

R1(config)# int f 1/1

实验 12 用 StarView 实施网络管理

```
R1(config-if)#ip address 192.168.1.1 255.255.255.0
R1(config-if)#no shutdown
S1：
S1(config)#int f 0/10
S1(config-if)#no switchport
S1(config-if)#ip address 192.168.1.2 255.255.255.0
S1(config-if)#no shutdown
S1(config-if)#exit
S1(config)#int f 0/4
S1(config-if)#no switchport
S1(config-if)#ip address 192.168.2.2 255.255.255.0
S1(config-if)#no shutdown
S2：
S2(config)#interface f 0/2
S2(config-if)#no switchport
S2(config-if)#ip address 192.168.2.3 255.255.255.0
S2(config-if)#no shutdown
S2(config-if)#exit
S2(config)#vlan 10
S2(config-vlan)#exit
S2(config)#vlan 20
S2(config-vlan)#exit
S2(config)#int vlan 10
S2(config-if)#ip address 192.168.3.1 255.255.255.0
S2(config-if)#no shutdown
S2(config-if)#exit
S2(config)#int vlan 20
S2(config-if)#ip address 192.168.4.1 255.255.255.0
S2(config-if)#no shutdown
S2(config-if)#exit
S2(config)#int f 0/10
S2(config-if)#switchport mode trunk
S3：
S3(config)#int f 0/10
S3(config-if)#switchport mode trunk
S3(config-if)#exit
S3(config)#vlan 10
S3(config-vlan)#exit
```

```
S3(config)#vlan 20
S3(config-vlan)#exit
S3(config)#int f 0/1
S3(config-if)#switchport mode access
S3(config-if)#switchport access vlan 10
S3(config-if)#exit
S3(config)#int f 0/4
S3(config-if)#switchport mode access
S3(config-if)#switchport access vlan 20
S3(config)#int vlan 10
S3(config-if)#ip address 192.168.3.2 255.255.255.0
S3(config-if)#no shutdown
S3(config-if)#exit
S3(config)#ip default-gateway 192.168.3.1
```

②路由配置

R1：
```
R1(config)#router rip
R1(config-router)#version 2
R1(config-router)#network 192.168.0.0
R1(config-router)#network 192.168.1.0
```
S1：
```
S1(config)#router rip
S1(config-router)#version 2
S1(config-router)#network 192.168.1.0
S1(config-router)#network 192.168.2.0
```
S2：
```
S2(config)#router rip
S2(config-router)#version 2
S2(config-router)#network 192.168.2.0
S2(config-router)#network 192.168.3.0
S2(config-router)#network 192.168.4.0
```
通过查看路由表以及连通性测试，验证网络已正确配置。

③SNMP配置

R1：
```
R1<config># snmp-server community public ro
R1<config># snmp-server community private rw
R1<config># snmp-server enable traps snmp linkdown linkup
R1<config># snmp-server host 192.168.0.2 public snmp
```

实验 12　用 StarView 实施网络管理

```
R1<config># snmp-server trap-source fastethernet 1/0
```
S1：
```
S1<config># snmp-server community public ro
S1<config># snmp-server community private rw
S1<config># snmp-server enable traps snmp linkdown linkup
S1<config># snmp-server host 192.168.0.2 public snmp
S1<config># snmp-server trap-source fastethernet 1/10
```
S2、S3 的配置类似，不赘述。

用 Getif 验证 SNMP 配置正确。

(2)StarView 体验。

自学文档《StarView 软件使用说明书》，体验商用网管软件的综合网络管理功能。核心功能包括拓扑管理器、事件管理器和性能管理器。

①拓扑管理器。体验三层拓扑发现、二层拓扑发现。

点击菜单管理→三层拓扑发现，加入种子设备如图 12-2 所示，填入设备中配置的 community 名。

图 12-2　三层拓扑发现

三层拓扑发现的结果如图 12-3 所示。

可以拖动图标，对发现的三层拓扑图重新布局，以适应网络管理员的习惯。如图 12-4 所示。

在三层拓扑图上可以便利地实施网络管理，例如查看各个设备的属性、状态等。图 12-5 所示为查看设备的属性。图 12-6 是查看结果，可见其已经包含设备丰富的核心信息。

StarView 的拓扑管理器除了有三层拓扑发现功能外，还有二层拓扑发现功能。鼠标双击三层拓扑中的子网，例如双击 192.168.4.0 网络，然后点击"菜单管理"→"二层拓扑发现"，设置参数如图 12-7 所示，即可开始二层拓扑发现。

二层拓扑发现结果如图 12-8 和图 12-9 所示，与实际拓扑相同。

②事件管理器。查看文档《StarView 软件使用说明书》，体验 trap 事件、阈值报警事件、系统事件。

③性能管理器。查看文档《StarView 软件使用说明书》，体验性能管理。

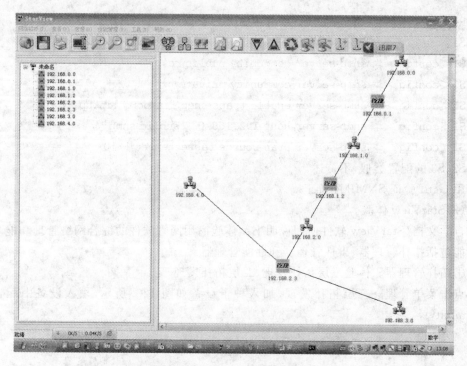

图 12-3　三层拓扑发现结果

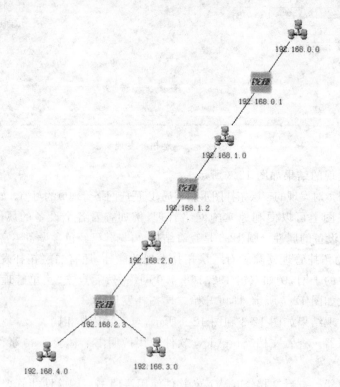

图 12-4　重新手工布局后的三层拓扑

实验 12 用 StarView 实施网络管理

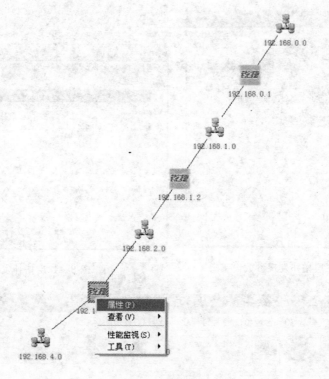

图 12-5 查看设备

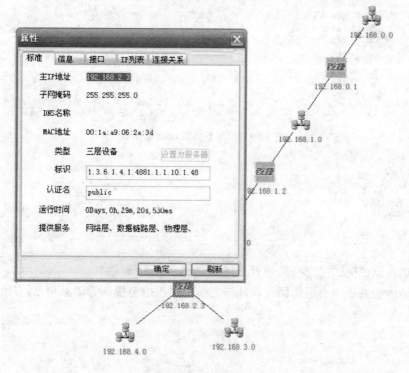

图 12-6 设备属性

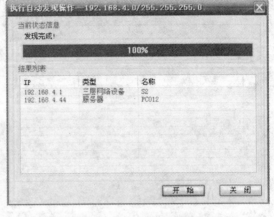

图 12-7　二层拓扑发现参数设置　　　　图 12-8　二层拓扑发现结果

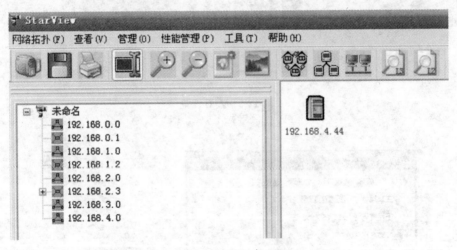

图 12-9　二层拓扑发现结果图示

6. 实验思考

(1) 试一试锐捷二层交换机是否支持 SNMP 的 trap 配置？

(2) 请体会并思考商用的网管软件与之前实验用的免费网管工具相比，有何不同？

实验12 用 StarView 实施网络管理

实验过程记录

结果分析及总结

附录一

实验环境介绍

本课程实验内容分为两大类：网络安全部分和网络管理部分，现分别对两种实验环境进行简要介绍。

一、网络安全实验环境

网络安全实验需要单独或同时运行多种操作系统（Microsoft Windows 2000、Microsoft Windows 98、Ubuntu JeOS 8.04.3 LTS 2.6.24-24-virtual），安装数十种应用软件，对实验室管理和安全维护提出较大挑战，因此本课程实验全部采用 VMware 虚拟机进行。借助 VMware 虚拟机软件可以将物理计算机（宿主机）上的硬件资源模拟成一个或多个虚拟计算机，每个虚拟机可以分别安装不同的操作系统，多操作系统可以并行运行，从而节省了软硬件投资，减轻了实验室管理维护负担，为课程实验的顺利进行提供了一个良好的解决方案。

我们采用 VMware Workstation V.5.5 软件安装了一个名为 Virtual Machine for NS 的虚拟机系统，配置为单处理器、256MB 内存、NAT 网络、IDE 硬盘（3.0GB）和 IDE 光驱。本课程实验全部在该虚拟机上进行。

1. 虚拟机设置

（1）虚拟机界面。

启动虚拟机软件后，可以看到虚拟机界面如图 A1-1 所示。

图中虚拟机界面可分为五部分：A. 虚拟机收藏夹栏，当创建的虚拟机较多时方便对虚拟机的管理；B. 虚拟机描述栏，用于描述虚拟机的名称、状态、操作系统、配置文件以及创建虚拟机的 VMware 软件版本；C. 命令栏，列举了对当前虚拟机的三个常用命令：启动虚拟机、编辑虚拟机设置和克隆当前虚拟机，更多的命令可以从界面上方的命令栏和菜单中查找；D. 备注栏，用于标注对当前虚拟机的备注信息；E. 设备列表栏，列出了当前虚拟机所配置的设备列表，双击设备可以修改设备配置参数。

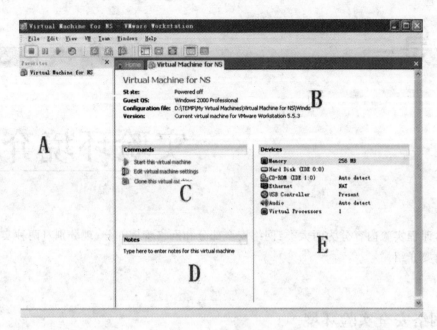

图 A1-1　虚拟机软件界面

（2）虚拟机标识。

每个虚拟机都有一个名称，但虚拟机软件并非通过名称对虚拟机进行管理，而是通过虚拟机标识进行的。每个虚拟机的标识都应该是唯一的，不能重复，因此需要对虚拟机标识进行必要的设置。如果是第一次启动虚拟机，通常会出现如图 A1-2 所示的虚拟机标识选择界面。

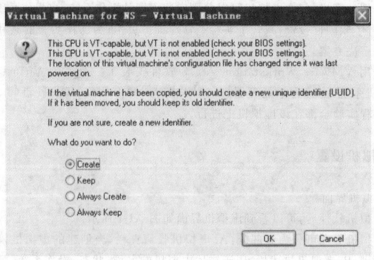

图 A1-2　虚拟机标识界面

如图 A1-2 所示，如果该虚拟机是被移动过来的（即原来的虚拟机不复存在），则该虚拟机为正本，应当选择"Keep"以保留其原有的虚拟机标识；否则，如果该虚拟机是被拷贝或克隆过来的（即原来的虚拟机依然存在），则该虚拟机为原虚拟机的副本，应当选择

"Create"为该虚拟机创建新的虚拟机标识。简单地说,如果该虚拟机是唯一的,就应当选择保留其标识,否则就应当为其创建新标识。如果选择"Always Create"或"Always Keep",则软件默认直接为虚拟机创建新标识或保留其原标识。

(3) 虚拟机启动。

该虚拟机中安装了 Microsoft Windows 2000 Professional 和 Ubuntu JeOS 8.04.3 LTS 2.6.24-24,在启动时通过 GNU GRUB 软件选择,如图 A1-3 所示。

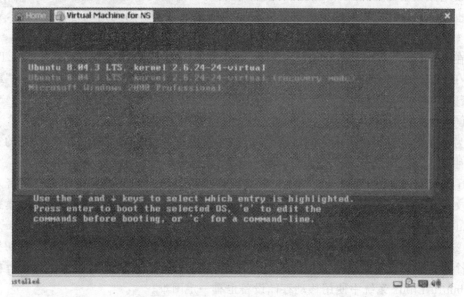

图 A1-3 虚拟机标识界面

选择操作系统时需要在 3 秒钟时限内通过上下键高亮需要的启动项后回车即可,其中第二项仅用于系统恢复,一般无需选择。另外需要注意,选择启动项时要把键盘输入切换到虚拟机中,否则无法选择。

(4) 虚拟机副本。

当需要同时运行多个操作系统时,需要制作多个虚拟机的副本并同时运行。制作虚拟机副本可以按照以下的步骤进行:

> 若虚拟机正本正在运行,正常关闭虚拟机并关闭 VMware 软件。
> 创建并命名新的虚拟机副本目录。
> 将虚拟机正本目录中的所有文件拷贝至虚拟机副本目录。
> 启动 VMware 软件,打开虚拟机副本的.vmx 配置文件,导入虚拟机副本。
> 运行虚拟机副本,选择创建(Create)UUID。
> 在 Windows 2000 系统中需要修改计算机标识防止系统重名。
> 在 Ubuntu Linux 系统中需要删除原有 rules 文件。

也可以通过克隆命令创建虚拟机副本,但同样需要执行上述最后三步。上述最后两步的具体操作过程详见后文描述。

(5) 虚拟机输入。

因为虚拟机系统是和宿主机系统共享一套输入设备的,在使用键盘和鼠标时需要明确输入设备当前的输入对象,为此需要在两者之间进行输入切换。

将输入对象从宿主机切到虚拟机时,只需在运行窗口内点击鼠标即可,此时鼠标和键盘的输入全部针对虚拟机。将输入对象从虚拟机切到宿主机时,按"CTRL"+"ALT"即可释放鼠标和键盘,此时鼠标和键盘的输入全部针对宿主机。另外,虚拟机关机后鼠标和键盘也会自动释放。如果虚拟机已经安装了 VMware Tools 则无需通过按键切换,VMware 软件会自动根据当前鼠标位置选择宿主机或者虚拟机作为输入对象。

在 Microsoft Windows 2000 系统下,如果需要对虚拟机传递"CTRL"+"ALT"+"DELETE"按键组合,则应在输入针对虚拟机时按下"CTRL"+"ALT"+"Insert"组合键,否则直接按"CTRL"+"ALT"+"DELETE"会引发宿主机和虚拟机的同时响应。

(6) 虚拟机通信。

为了在宿主机和虚拟机之间传递文件资料,需要有两者之间的通信方法,常用的方法有三种:

①共享目录方式:通过设置宿主机和虚拟机都可以访问的共享目录即可在两者之间进行文件传输。某些宿主机可能因为某种原因关闭了目录共享,而且对于命令行模式的 Ubuntu Linux 系统也无法使用共享目录。

②移动存储方式:通过将文件资料拷贝到移动存储设备中,再将移动存储设备切换到另一个系统即可实现文件资料传输。将文件连续拷贝两遍效率较低,而且在命令行模式的 Ubuntu Linux 系统中使用移动存储设备也有一定困难。

③网络服务方式:通过架设各类网络服务器(HTTP、FTP 及 TFTP 等)并打开必要的上传权限即可直接实现宿主机和虚拟机间的数据交换。对于 Ubuntu Linux 系统:可以通过 tftp-i 192.168.1.3 get file.ext 命令从 TFTP 服务器上下载 file.ext 文件;可以通过 wget-r-nd ftp://192.168.1.3:P/ file.ext 命令从 HTTP 或者 FTP 上下载 file.ext 文件。由于虚拟机以 NAT 方式通过宿主机连接外部网络,所以最好将服务器架设在宿主机上以便访问。

考虑到可行性和便捷性等因素,建议主要使用网络服务方式实现宿主机和虚拟机之间的数据传输。

2. Microsoft Windows 2000

(1) Windows 2000 信息。

虚拟机中安装的 Windows 操作系统相关信息如下:

- 系统版本:Microsoft Windows 2000 Professional,Service Pack 4。
- 空间分配:2047MB,867MB 剩余(若有必要可运行 sysc2k.cmd 获得 1.13GB 剩余空间,但可能会因为驱动文件丢失造成移动存储设备无法被识别)。
- 硬盘格式:FAT16 格式,单分区。
- 现有帐户:Administrator,密码:C24680。

- 机器名称:ZJGSU-NSW。
- 交换文件:384MB。

(2) Windows 2000 网络。

在 Windows 系统下如果需查看网络相关信息,可在命令行窗口键入 ipconfig /all 并回车,即可看到详细的网络配置情况,如图 A1-4 所示。

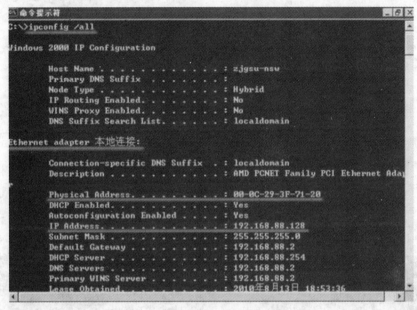

图 A1-4　查看 Windows 系统网络配置

(3) Windows 2000 标识。

当运行拷贝或者克隆虚拟机副本时,需要修改原计算机名称以防止网络重名,否则可能导致某些网络功能无法使用,如图 A1-5 所示。

3. Ubuntu JeOS 8.04

(1) Ubuntu Linux 信息。

虚拟机中安装的 Linux 操作系统相关信息如下:

- 系统版本:Ubuntu JeOS 8.04.3 LTS 2.6.24-24-virtual。
- 空间分配:1025MB,477MB 剩余。
- 硬盘格式:EXT3 格式,957.8MB;SWAP 格式,115.6MB。
- 现有帐户:beta75 C24680。
- 机器名称:ZJGSU-NSU。
- 已装软件:Ubuntu-standard。

(2) Ubuntu Linux 网络。

在 Linux 系统下如果需查看网络相关信息,可在命令行窗口键入 ifconfig -a 并回车,即可看到详细的网络配置情况,如图 A1-6 所示。

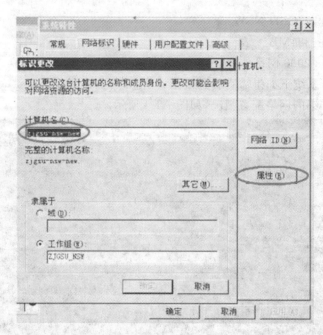

图 A1-5　修改 Windows 系统标识

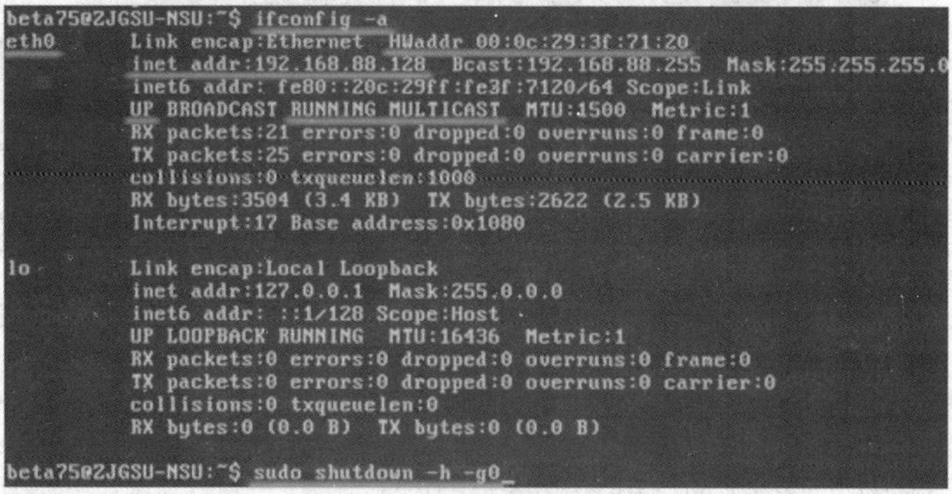

图 A1-6　查看 Linux 系统网络配置

若系统网络状态正常,则 eth0 接口应出现"UP"和"RUNNING MULTICAST"状态;否则表明网络没有正常工作,应查找具体原因。

出于安全考虑,Ubuntu Linux 系统的超级用户 root 在默认情况下是被禁用的。部分需要超级权限的命令可使用"sudo+原命令"形式执行,需要输入当前用户口令,例如关机:shutdown -h 或 halt;重启:shutdown -r 或 reboot。

虚拟机副本需要执行 sudo rm /etc/udev/rules.d/70-persistent-net.rules 后重启,否则网络无法正常工作。

二、网络管理实验环境

1. 实验室拓扑

实验室拓扑如图 A1-7 所示。所有的学生机、RCMS 控制器、防火墙、交换机、服务器处于同一局域网 10.20.3.0,与校园网相连。

学生机分成 5 个大组,每组 8 台,以第一大组为例,分配的 IP 地址为 10.20.3.11—10.20.3.18。

实验室有 5 个机柜,每个机柜从上到下依次放置了 1 台 RCMS 控制器、1 台 R2692 路由器、3 台 R1762 路由器、2 台 S3760 交换机以及 2 台 S2128G 交换机。

只有第一大组的学生机可以访问第一个机柜中的设备,因为每个机柜的 RCMS 都设

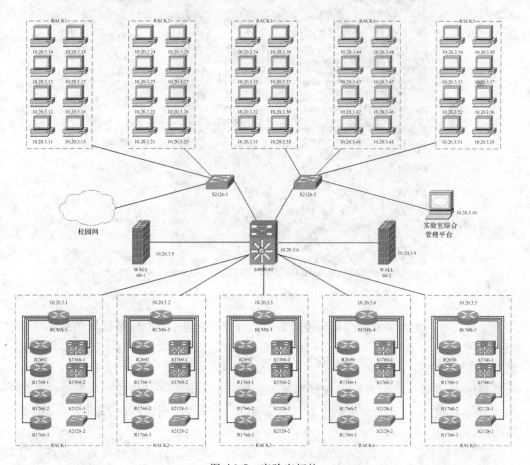

图 A1-7 实验室拓扑

置了访问控制策略。

2. 如何登录设备

实验室有 5 个机柜,以第一个机柜为例,如图 A1-8 所示,从上到下依次放置了 1 台 RCMS 控制器、1 台 R2692 路由器、3 台 R1762 路由器、2 台 S3760 交换机以及 2 台 S2128G 交换机。

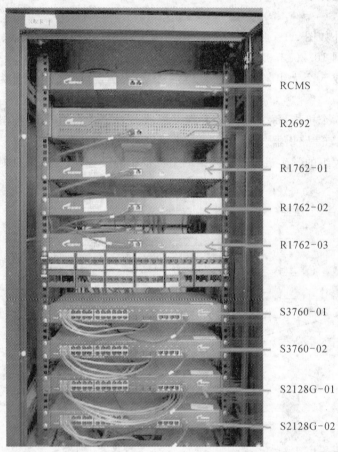

图 A1-8 机柜

稍微复杂一点的实验就会用到多台路由器或者交换机,如果通过计算机的串口和它们相连接,就需要经常拔插 Console 线。终端访问服务器可以解决这个问题。终端访问服务器实际上是一台有 8 个异步口的路由器,就是拓扑图中的 RCMS。RCMS 背后有一八爪鱼接头,从该接头引出 8 根线分别与 8 台设备的 Console 口相连。八爪鱼接头如图 A1-9 所示。使用时,首先登录到终端访问服务器,然后从终端访问服务器再登录到各个路由器。

实验室的 RCMS 还配置了 WEB 服务,订制了一张网页方便地访问各个设备。以第一组学生为例,如图 A1-10 所示,打开浏览器,地址栏中输入 http://10.20.3.1:8080 即

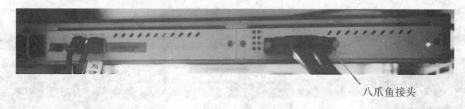

图 A1-9　八爪鱼接头

可访问第一组的终端访问服务器,点击网页中一个设备,就会弹出 Telnet 窗口,登录到相应的设备中。注意,学生机虽然是通过 Telnet 登录终端访问服务器的,但终端访问服务器是通过 Console 访问设备的,所以总的来讲,相当于学生机通过 Console 口访问设备。

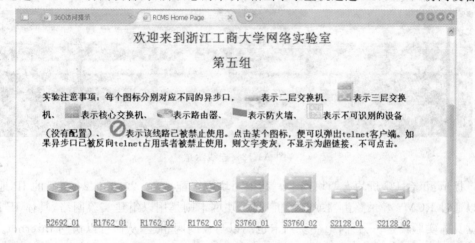

图 A1-10　学生机通过 Console 口访问设备

3. 如何组建实验网络

图 A1-7 是整个实验室组成的局域网。每个学生在实验时,需要组建自己独立的实验网络,可能包含一些 PC、一些路由器和一些交换机。这时,就需要将这些 PC、路由器、交换机进行正确的连线。

为了避免设备接口的频繁拔插,实验室将各 PC、路由器、交换机的接口均引到了机柜中间的面板上。学生只需在面板上进行正确的连线即可迅速搭建自己独立的实验网络。第一组机柜中间的面板如图 A1-11 所示。分两排,上面一排自左往右依次是 R2692 的 4 个以太网接口,标识分别是 F1/0、F1/1、F3/0、F3/1;第一台 R1762 的 2 个以太网接口,标识分别是 F1/0、F1/1;第二台 R1762 的 2 个以太网接口,标识分别是 F1/0、F1/1;第三台 R1762 的 2 个以太网接口,标识分别是 F1/0、F1/1;第一台 S3760 的 4 个以太网接口,标识分别是 F0/1、F0/2、F0/3、F0/4;第二台 S3760 的 4 个以太网接口,标识分别是 F0/1、F0/2、F0/3、F0/4;第一台 S2128 的 4 个以太网接口,标识分别是 F0/1、F0/2、F0/3、F0/4;第二台 S2128 的 4 个以太网接口,标识分别是 F0/1、F0/2、F0/3、F0/4。下面一排,自左往右依次是第一组学生机的接口,标识分别是 R1-1 至 R1-8。

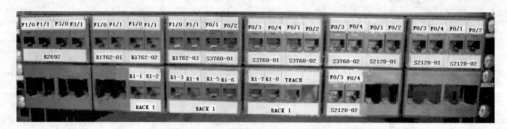

图 A1-11 机柜中间的面板

例如,我们希望搭建一个实验拓扑,第一组第一台学生机与第一台 S3760 的 F0/1 相连,我们只需如图 A1-12 所示连线即可。

图 A1-12 连线示意

提示:每台 PC 机均有两块网卡。其中一块网卡配置 10.20.3.0/24 网段的 IP 地址,用以通过 RCMS 登录路由器或交换机;另一块网卡则是用以组建实验网络,具体 IP 地址根据具体实验设定。另外,第一块网卡也用以与校园网相连,从而可以访问 Internet。

附录二

实验报告参考格式

实验报告是对实验过程的纪录、结果分析和总结归纳,同时作为考核实验环节的重要依据,因此务必真实、客观、准确。

实验报告首先需要注明实验题目、日期、地点、完成人姓名、同组完成人姓名以及实验环境(包括操作系统及应用软件)等概况;然后介绍实验目标和实验原理,记录实验过程,分析实验结果并得出相关结论。如果有对于本次实验的心得体会和思考问题的答案也一并予以记录。

撰写实验报告时应根据需要简繁得当,既不要过于简略以至于看不出实验过程,也不要太过详细长篇大论。基本要求是能根据实验报告恢复出当时的实验过程即可。实验报告可以整理好电子版本后打印签名上交,打印稿应逐页粘贴在实验报告册中,其大小不能超出实验报告册页面,必要时可缩印或适当剪裁。

以下实验报告格式仅供参考。

PGP 数字签字

日期:2012 年 6 月 4 日 　　　　　　 地点:现代教育中心×××
姓名:张三 　　　　　　　　　　　　 同组同学:李四、王五
实验环境:Windows XP Professional Edition,PGP for Windows V.8.0.2

[实验目标]

借助 PGP 软件实现对文件的数字签字并进行签字验证。

[实验原理]

1. RSA 签字体系
   - 选定两个大素数 p,q,计算 $n=pq$ 及 $\varphi(n)=(p-1)(q-1)$;
   - 选取 $[1,\varphi(n)]$ 间与 $\varphi(n)$ 互素的元素 e,计算 $d=e^{-1} \bmod \varphi(n)$;
   - 销毁 p 和 q,d 作为签字私钥,而 n 和 e 作为验证公钥。
   - 签字过程:$y=x^d \bmod n$,其中 x 为被签字的文件。
   - 验证过程:根据欧拉定理:$x=y^e \bmod n=x^{de} \bmod n=x^{\varphi(n)+1} \bmod n=x$。

2. 签字及验证过程

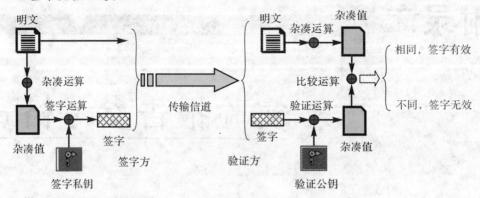

图 A2-1 数字签字原理图(杂凑签字方式)

[举例]

1. RSA 密码体制中,若选取素数 $p=3$、$q=11$,同时选定公钥 $e=7$:

① 给出私钥 d 的计算过程。

答:$n=3\times11=33$,$\psi(n)=2\times10=20$,$d=e^{-1} \bmod 20=3$。

② 给出对明文 $M=8$ 的加密和解密过程。

答:加密过程:$C=M^e \bmod n=8^7 \bmod 33=2$

　　解密过程:$M'=C^d \bmod n=2^3 \bmod 33=8$

③ 给出对明文 $M=6$ 的签字和验证过程。

答:签字过程:$S=M^d \bmod n=6^3 \bmod 33=18$

　　验证过程:$M'=S^e \bmod n=18^7 \bmod 33=6$

由于 $M=M'$,故签字有效。

[实验过程]

实验过程可分为三个阶段:安装 PGP 软件、数字签字及签字验证。

1. 安装 PGP 软件

(1) 在宿主机上架设 HTTP 服务器,同时开启上传功能。

(2) 启动虚拟机,选择 Windows 2000 系统,下载 PGP 软件。

(3) 安装 PGP 软件,用户类型选择"没有密钥对的新用户"。

(4) 完成后关闭虚拟机,制作虚拟机副本并修改主机名称。

2. 数字签字

(1) 启动虚拟机正本,选择进入 Windows 2000 系统。

(2) 创建签字方密钥对,类型选 RSA,长度 2048 比特(见图 A2-2)。

(3) 输入私钥保护码,长度至少 8 字符,两次输入内容一致。

(4) 创建两份文本文件,分别进行可分离和不可分离签字。

(5) 对第一份文件进行可分离签字(直接对明文本身签字),如图 A2-3 所示。

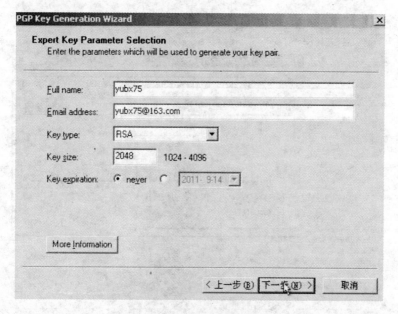

图 A2-2　PGP 密钥对生成向导

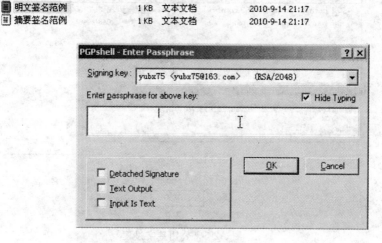

图 A2-3　明文签字过程

(6) 对第二份文件进行不可分离签字(对明文摘要签字),如图 A2-4 所示。

(7) 导出签字公钥,上传公钥、明文及签字等文件至服务器。

3. 签字验证

(1) 启动虚拟机副本,选择进入 Windows 2000 系统。

(2) 创建验证方密钥对,类型选 RSA,长度 2048 比特。

(3) 从 HTTP 服务器下载签字公钥、文本及签字等五个文件。

(4) 导入签字公钥,用验证方私钥对其签字,调整信任级别。

(5) 分别验证可分离签字和不可分离签字,显示签字均有效。

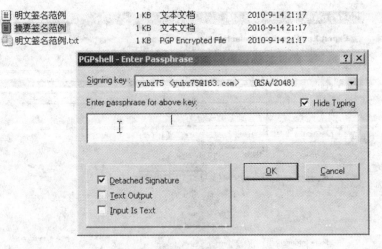

图 A2-4　摘要签字过程

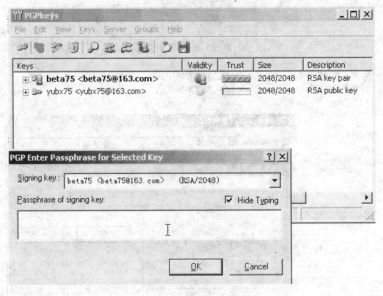

图 A2-5　公钥签字过程

（6）分别改动两份明文，再次验证，显示不可分离签字失效。

[实验结论]

本次实验借助 VMware 虚拟机平台，成功完成了在 Windows 2000 环境下用 PGP 软件进行 RSA 数字签字的实验内容，加深了对相关理论知识的理解、掌握和实际应用。

[心得体会]

1. 公钥体制中私钥和公钥需匹配使用，因此在验证签字时需要通过某种方式得到签字所使用私钥的对应公钥。

2. PGP 采用签字方式表述信任关系，因此在进行签字验证时验证方需要对签字方公

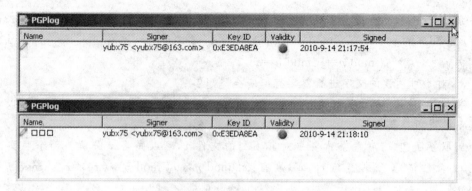

图 A2-6　修改前的签字验证结果

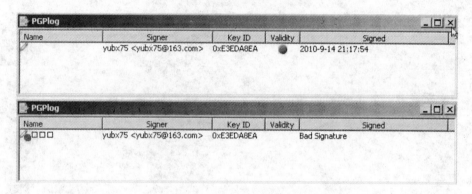

图 A2-7　修改后的签字验证结果

钥进行签字并调整信任级别。

3. 导出公钥时可以选择是否包含私钥，但仅限于进行密钥备份；发布或传递公钥时不应包括私钥，以免私钥泄漏。

4. PGP 可以选择直接对明文或者对明文摘要签字：前者签字结果与原明文文件无关，称为"Detached Signature"；后者签字结果与原明文文件相关，称为"Non-Detached Signature"。可分离签字较为安全，但当明文较长时由于运算量大，签字及验证速度较慢；不可分离签字速度较快，但可能遭受生日碰撞攻击，其安全性还依赖于所采用杂凑函数的安全性。

[实验思考]

1. 可否直接对明文进行数字签字？比较两种方式的异同。

答：可以。明文签字相对于摘要签字能更好地保持签字与明文的不可分割性，避免了后者遭受生日攻击导致签字被假冒的风险；但当明文数据量较大时签字可能比较费时，而且有被骗签字的可能性。

2. 公钥加密和私钥签字可否使用相同的密钥对？为什么？

答：最好不要。因为 RSA 所采用的指数运算保持了输入的乘法结构，攻击者可能借此精心构造选择明文攻击，导致破译密文消息、骗取签名等后果。

消息破译:攻击者收集密文 $y=x^e \bmod n$,并想分析出消息 x。选随机数 $r<n$,计算 $y_1=r^e \bmod n$ 和 $y_2=y_1\times y \bmod n$,然后请 A 对 y_2 签字得 $S=y_2^d \bmod n$。攻击者计算 $y_1^{-d}\times y_2^d = y_1^{-d}\times y_1^d \times y^d \bmod n = y^d \bmod n = x$。

3. 对不可阅读的文字进行签字有何安全隐患?

答:可能被骗签字,理由同上。不要为不相识的人签署随机文件,若有必要可以使用杂凑函数进行摘要签字。

骗取签字:攻击者希望 A 签署对其不利的文件 x,可以先将 x 分解为两个明文:$x=x_1\times x_2$,然后请 A 分别签署 x_1、x_2,则有:$x_1^d \bmod n \times x_2^d \bmod n=(x_1\times x_2)^d \bmod n=x^d \bmod n$。

参考文献

［1］Zimmermann P. The Official PGP User's Guide. Cambridge. MA：MIT Press. 1995.

［2］王育民，刘建伟. 通信网的安全——理论与技术. 西安：西安电子科技大学出版社，1999.

［3］Stallings W. Cryptography and Network Security. 4th Edition，Prentice-Hall，Inc.，2006.

［4］Anonymous. Windows 安全. 北京：电子工业出版社，2002.

［5］卿斯汉，刘文清，温红子等. 操作系统安全. 北京：清华大学出版社，2004.

［6］曹江华. Linux 服务器安全策略详解（第二版）. 北京：电子工业出版社，2009.

［7］李瑞民. 网络扫描技术揭秘——原理、实践与扫描器的实现. 北京：机械工业出版社. 2012.

［8］小榕软件. 流光 5 用户手册. http://download.pchome.net/system/system-safety/testspeed-22 019.html. 2004.

［9］楚狂. 网络安全与防火墙技术. 北京：人民邮电出版社，2000.

［10］Oskar Andreasson. Iptables Tutorial 1.2.2. www.iu.hio.no/teaching/materials/MS004A/html/iptables-tutorial.pdf. 2006.

［11］Andrew Hay，Daniel Cid，Rory Bray. OSSEC Host-Based Intrusion Detection Guide. Syngress，2008.

［12］The Snort Project. SNORT Users Manual. www.snort.org/assets/166/snort_manual.pdf. 2010.

［13］（美）斯泽. 计算机病毒防范艺术. 段新海译. 北京：机械工业出版社，2007.

［14］金蓉，高明，王伟明. 计算机网络实验. 杭州：浙江大学出版社，2012.

［15］武孟军. Visual C++开发基于 SNMP 的网络管理软件. 北京：人民邮电出版社，2009.

［16］梁广民，王隆杰. 思科网络实验室路由、交换实验指南. 北京：电子工业出版社，2009.